百姓最爱汤粥饭经典大全

甘智荣 主编

江苏凤凰科学技术出版社 凤凰含章

图书在版编目（CIP）数据

百姓最爱汤粥饭经典大全 / 甘智荣主编 .-- 南京：江苏凤凰科学技术出版社，2015.8
（含章·生活 + 系列）
ISBN 978-7-5537-4921-1

Ⅰ.①百… Ⅱ.①甘… Ⅲ.①汤菜－菜谱②粥－食谱③主食－食谱 Ⅳ.① TS972.12

中国版本图书馆 CIP 数据核字 (2015) 第 148729 号

百姓最爱汤粥饭经典大全

主　　编　甘智荣
责任编辑　樊　明　　葛　昀
责任监制　曹叶平　　周雅婷

出版发行　凤凰出版传媒股份有限公司
　　　　　江苏凤凰科学技术出版社
出版社地址　南京市湖南路1号A楼，邮编：210009
出版社网址　http://www.pspress.cn
经　　销　凤凰出版传媒股份有限公司
印　　刷　北京旭丰源印刷技术有限公司

开　　本　718mm×1000mm　1/16
印　　张　14
字　　数　200千字
版　　次　2015年8月第1版
印　　次　2015年8月第1次印刷

标准书号　ISBN 978-7-5537-4921-1
定　　价　29.80元

序言

PREFACE

妙用汤粥饭养生，可永保四季平安健康。身体最需要的营养，其实就蕴藏在最简单的食物当中。对身体最有益的食物，不是奇货可居的山珍海味，而是这最寻常的一汤、一粥、一饭。

随着生活水平的不断提高，人们除了满足口腹之欲以外，更加注重利用汤、粥、饭来防病进补、强身健体。滋补美味的汤品不仅可提供人们日常所需的能量和各种微量元素，而且对预防和调养身体有着不可估量的作用。除了喝水及吃补品之外，我们还可以通过喝滋补汤的方式来补充我们失去的水分及欠缺的营养。粥一直为国人喜爱并百吃不厌。粥可增进食欲，补充身体需要的水分。它味道鲜美、润喉易食，营养丰富又易于消化，实乃养生保健的佳品。粥的妙不可言，在于它结合了饭、菜和汤三者的优点。有饭的饱腹之功，有菜的美味爽口，也不乏汤的营养开胃。饭是人类的主食之一，在这里我们主要指的是米饭。据现代营养学分析，大米含有蛋白质，脂肪，维生素B_1、维生素A、维生素E及多种矿物质，还可补充肌肤所缺失的水分，使皮肤充满弹性。

本书精心挑选500多道日常生活中最常吃、最经典的汤、粥、饭，不仅能满足全家吃饱、吃好的需要，还能满足日常保健与食补的需求。全书按类型分为近200道防病进补美味汤、200多道鲜香美味养生粥、40多道营养好吃香米饭，为日常饮食提供多样选择，让你吃得更营养，吃得更健康。 日常保健，食疗进补，只需一碗靓汤、好粥、香饭，轻松补养全家。

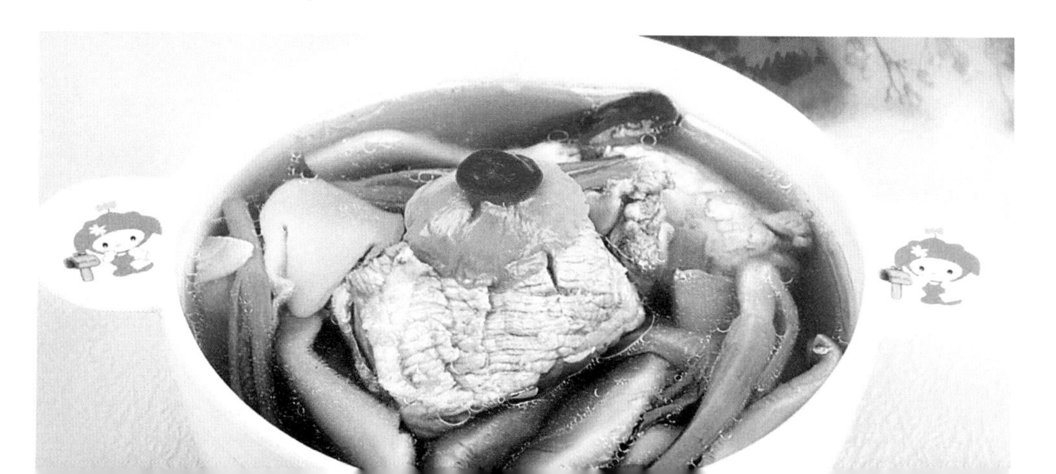

目录
CONTENTS

Part1 汤、粥、饭面面观

Part2 防病进补美味汤

水产海鲜汤

滋补汤

Part3 鲜香美味养生粥

经典粥

蔬果粥

肉禽蛋粥

水产海鲜粥

药膳粥

杂粮粥

养生粥

Part4 营养好吃香米饭

PART1

汤、粥、饭面面观

日常保健，食疗进补，只需一碗靓汤、好粥、香饭，就可以轻松补养身体。本章将为您介绍汤、粥、饭的制作、食用技巧，让您营养丰富，益补健康。

怎样煲汤、喝汤更营养

除了喝水及吃补品之外，我们还可以通过喝滋补汤来补充我们失去的水分及欠缺的营养。但是怎样煲汤、如何喝汤更营养呢？这里面有一定的学问，下面我们就煲汤的食材选择、煲汤时间、如何喝汤等问题，做详细的介绍。

❶ 汤煲多久更营养

日常生活中，人们一般认为，煲汤煲得越久越有营养，其实这个观点是不正确的。研究证明，煲汤时间适度加长确实有助于营养释放和吸收，但时间过长就会对营养成分造成一定的破坏了。

不同食材，时间有别

一般来说，煲汤的材料以肉类等蛋白质含量较高的食物为主。蛋白质的主要成分为氨基酸类，如果加热时间过长，氨基酸遭到破坏，营养反而降低，同时还会使菜肴失去应有的鲜味。另外，食物中的维生素如果加热时间过长，也会有不同程度的损失。尤其是维生素C，遇到长时间加热极易被破坏。所以，长时间煲汤后，虽然看上去汤很浓，其实随着汤中水分的蒸发，也带走了丰富营养的精华。对于一般肉类来说，可以遵循时间煲久一点的原则。但也有些食物，煲汤的时间需要更短。比如鱼汤，因为鱼肉比较细嫩，煲汤时间不宜过长，只要汤烧到发白就可以了，再继续炖不但营养会被破坏，而且鱼肉也会变老、变粗，口味不佳。还有些人喜欢在汤里放人参等滋补药材，由于参类含有人参皂甙，煮得过久就会分解，失去补益价值，所以这种情况下，煲汤的时间不宜太久。最后，如果汤里要放蔬菜，必须等汤煲好以后随放随吃，以减少维生素的损失。

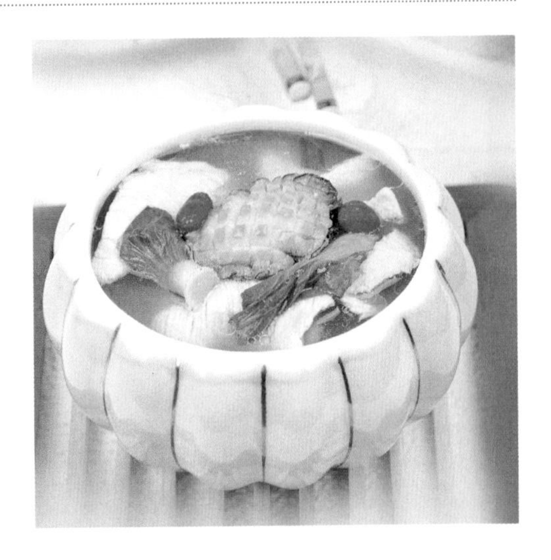

煲汤以半小时至两小时为宜

专家认为，煲汤时间不宜太久，时间在半小时至2小时为宜，先用大火煮沸，然后用小火煲，这样可以最好地留住营养成分。煲汤时放入丰富的食材，既能保证营养均衡，而且利于消化和吸收，但是煲汤时间过长，会造成食物中的蛋白质和脂肪等营养成分流失。因此建议汤和肉一起吃，因为食物中的蛋白质不可能都溶解在汤水中。

药膳汤熬制不宜超过1小时

除了肉类，药膳汤中的中药材也是其特色之一。专家认为，按照中药的煎煮时间来说，黄芪、党参一类补气的药材文火熬

40～60分钟就可以了，如果时间太长，药材的有效成分在溶液中会被破坏掉。那肉类和药材如何取得同步呢？专家推荐如下方法：如果煲汤时间为2个小时，那么先将药材单独浸泡1小时，然后待汤熬了1小时后，再将药材连同泡药材的水加入汤中，与食材一起再熬制1小时。这样可以最大限度地保留药材的营养和药效。此外，专家建议，药材最好选适合多数人体质的、平补无偏性的，如淮山、枸杞、党参、生地、玉竹等。

❷ 怎样煲汤更营养

无论是中餐还是西餐，无论是品尝丰盛的佳肴还是普通的家常便饭，汤都是少不了的。它营养、健康、滋补、美味，集多种优点于一身，深得人们喜欢。那么，在品尝美味汤的时候，你有没有想过自己也为家人煲一锅暖暖的美味汤呢？不过，想要通过喝汤喝出健康的身体，在制作细节上就要注重了。

掌握七要素，煲出营养健康汤

如何煲出既营养又健康的汤，在这里我们为你总结了7个要素。

（1）**选料要精湛**。选料是煲好鲜汤的关键。要熬好汤，必须选鲜味足、异味小、血污少、新鲜的动物原料，如鸡肉、鸭肉、猪瘦肉、猪肘子、猪骨、火腿、板鸭、鱼类等。这类食品含有丰富的蛋白质、琥珀酸、氨基酸、肽、核苷酸等，它们也是汤鲜味的主要来源。

（2）**食品要新鲜**。煲汤需要选用鲜味足、无膻腥味的原料。新鲜并不是历来所讲究的“肉吃鲜杀、鱼吃跳”的鲜。现代所讲的鲜，是指鱼、畜禽死后3～5小时，此时鱼或禽肉的各种酶使蛋白质、脂肪等分解为氨基酸、脂肪酸等人体易于吸收的物质，不但营养最丰富，味道也最好。

（3）**炊具要选好**。煲鲜汤用陈年瓦罐效果最佳。瓦罐经过高温烧制而成，具有通气性好、吸附性强、传热均匀、散热缓慢等特点。熬汤时，瓦罐能均衡而持久地把外界热能传递给里面的原料，而相对平衡的环境温度，又有利于水分子与食物的相互渗透，这种相互渗透的时间维持得越长，鲜香成分溢出得越多，煲出的汤的滋味就越鲜醇，原料的质地就越酥烂。

（4）**火候要适当**。煲汤的要诀是：旺火烧沸，小火慢煨。这样才能把食品内的蛋白质浸出物等鲜香物质尽可能地溶解出来，使煲出的汤更加鲜醇味美。只有文火才能使

营养物质溶出得更多，而且汤色清澈、味道浓醇。

（5）**配水要合理**。水既是鲜香食品的溶剂，又是食品传热的介质。水温的变化，用量的多少，对汤的营养和风味有着直接的影响。用水量一般是熬汤主要食品用量的3倍，而且要使食品与冷水共同受热。煲汤不宜用热水，如果一开始就往锅里倒热水或者开水，肉的表面突然受到高温，外层蛋白质就会马上凝固，使里层蛋白质不能充分溶解到汤里。此外，如果煲汤的中途往锅里加凉水，蛋白质也不能充分溶解到汤里，汤的味道会受影响，不够鲜美，而且汤色也不够清澈。

（6）**搭配要适宜**。有些食物之间已有固定的搭配模式，营养素有互补作用，即餐桌上的“黄金搭配”。最值得一提的是海带炖肉汤，酸性食品猪肉与碱性食品海带的营养正好能互相配合，这是日本的长寿地区冲绳的“长寿食品”。为了使汤的口味比较纯正，一般不宜用太多品种的动物食品一起煲汤。

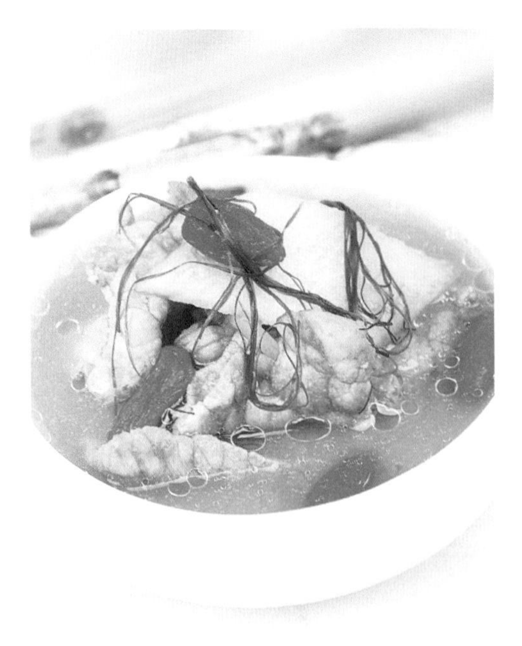

（7）**操作要精细**。煲汤时不宜先放盐，因为盐具有渗透作用，会使原料中的水分排出，蛋白质凝固、鲜味不足。煲汤时温度维持在85～100℃，如果在汤中加蔬菜应随放随吃，以免维生素C被破坏。汤中可以适量放入香油、胡椒、姜、葱、蒜等调味品，但注意用量不宜太多，以免影响汤本来的鲜味。

不同种类的汤，怎样做更营养

汤可分为很多种，随着社会的发展，汤的品种也在不断变化，怎样才能让不同的汤营养达到最佳呢？

（1）**清汤**。这时所说的清汤，就是指味道比较清淡的汤，加热时间较短，口感比较滑嫩，汤汁清淡而不浑浊，这是其独具的特色，适合喜好清淡人群饮用。由于材料加热的时间不长，所以鲜味无法在汤中完全释放，因此必须靠调味料或高汤提味。如家常的青菜豆腐汤、蛋花汤等。还有一些清汤不用高汤调味，直接以材料本身的原味提鲜，这时要用小火慢熬，如用大火烧，材料不容易煮烂，汤汁会快速蒸发，造成汤汁浑浊，营养也会下降。

（2）**甜汤**。甜汤味道甜美，其选材多样，有常见的红豆、绿豆、花生，也有较为高级的黑糯米、芝麻、核桃等。甜汤的做法多种多样，为了保证甜汤的营养，要把握好火候及制作时间，这样做出来的甜汤具有养颜美容、滋补润肺的作用。每天坚持喝一碗，可使皮肤白皙水嫩。

（3）**高汤**。高汤选用的材料主要分为猪骨、鸡骨和鱼骨等。高汤材料的制作、选择各有利弊，当然要选其优点，才能熬出物美价廉的高汤。高汤是烹饪中常用到的一种辅助原料，有了好高汤，再加入其他食材，滋味更鲜美，营养更丰富。

（4）**浓汤**。浓汤的味道比较醇厚，它是以高汤作汤底，再添加各种材料一起煮，以大量的淀粉勾芡，让汤汁呈现浓稠状，营养成分很高。

（5）**羹汤**。虽然羹汤也是以粉料勾芡，但和浓汤间还存在一些差异，羹汤所用的粉料以淀粉或玉米粉为主，食材要切细或切碎，才能让其中的营养物质充分溶解到汤中。

❸ 喝对汤，更健康

日常人们常喝的汤有荤汤、素汤两大类，无论是荤汤还是素汤，都应根据各人的喜好与口味来选料烹制，加之“对症喝汤”就可达到防病滋补、清热解毒的“汤疗”效果。

对症喝汤

多喝汤不仅能调节口味、补充体液、增强食欲，而且能防病抗病，对健康有益。

（1）**延缓衰老多喝骨汤**。人到中老年，机体的种种衰老现象相继发生，会由于微循环障碍而导致心脑血管疾病。另外，老年人容易发生“钙迁徙”而导致骨质疏松、骨质增生和股骨颈骨折等症。骨头汤中的特殊养分——胶原蛋白，可疏通微循环并补充钙质，从而改善上述症状，延缓人体衰老。

（2）**预防感冒多喝鸡汤**。鸡汤特别是母鸡汤中的特殊养分，可加快咽喉及支气管黏液血液循环，增加黏液的分泌，及时清除呼吸道病毒，可缓解咳嗽、咽干、喉痛等症状，对感冒、支气管炎等预防效果尤佳。

（3）**预防哮喘多喝鱼汤**。鱼汤中尤其是鲫鱼汤、乌鱼汤中含有大量的特殊脂肪酸，具有降火作用，可防止呼吸道发炎，并防止哮喘的发作，对儿童哮喘病更为有益；鱼汤中卵磷脂对病体的康复更为有利。

（4）**养气补血多喝猪蹄汤**。猪蹄性平味甘，入脾、胃、肾经，能强健腰腿、补血润燥、填肾益精。花生和猪蹄煲汤，尤其适合女性，民间还用于滋补女性产后阴血不足、乳汁缺少。

（5）**退风热多喝豆汤**。豆汤如甘草生姜黑豆汤，对小便涩黄、风热入肾等症，有一定的辅助治疗效果。

不同人群怎样喝汤

由于每个人的体质各不相同，日常生活中我们可以根据个人的身体状况合理喝汤，才能让身体更健康。

（1）**脾虚的人**。脾虚的人常常表现为食少腹胀、食欲不振、肢体倦怠、乏力、时有腹泻、面色萎黄，这类人不妨适度喝些健脾和胃的汤，以促进脾胃功能的恢复。如芡实汤、山药汤、豇豆汤等都是不错的选择。

（2）**胃火旺盛的人**。平时喜欢吃辛辣、油腻食品的人，日久易化热生火，积热于肠胃，表现为胃中灼热、喜食冷饮、口臭、便秘等。这类人群进补前一定要注意清胃中之火，可适度喝苦瓜汤、黄瓜汤、冬瓜汤、苦菜汤等，待胃火消退后再进补。

（3）**老年人及儿童**。老年人及儿童由于消化能力较弱，胃中常有积滞宿食，表现为食欲不振或食后腹胀。因此，在进补前应注重消食和胃，不妨适量喝点山楂羹、白萝卜汤等消食、健脾、和胃的汤。

怎样煲粥、喝粥更营养

粥是人间第一补物。我们中国人都有喝粥的习惯，特别是在湿热的南方，学会煲一锅营养美味粥，是家庭主妇必备的看家本领。粥作为一种健康的滋补方式，被广为推崇。煲粥、喝粥看起来很简单，其实里面也有学问。让我们来看看怎样煲粥、喝粥更营养吧。

❶ 怎样煲粥更营养

很多人都会煲粥，但是如何让粥既好喝又营养呢？这一点并不是人人都知道的。虽然煲粥很简单，但是仍有许多窍门可循。据美食专家介绍，只要掌握如下诀窍，你就能快速煲出一锅好吃又营养丰富的好粥来。

煲粥的方法

要想煲出的粥更有营养，需注意煲粥的方法：先将米和水用旺火煮到滚开，再改小火将粥慢慢熬至浓稠。最好一次加入足量的水，因为煲粥讲究一气呵成。这期间要讲究粥不离火、火不离粥，而且有些要求较高的粥，必须用小火一直煨到烂熟，至米粒呈半泥状。这样熬煮出的粥既浓稠，又美味营养。如果煲粥的原料里有不能直接食用的材料，必须提前将此材料熬成汁，过滤掉渣子，沉淀后再加入米熬煮成粥。

煲粥巧用油

除了粥本身熬出的米油外，煲粥时还可以加入适量的其他油脂，如花生油、大豆油、色拉油、葵花籽油等。其中，花生油含有丰富的不饱和脂肪酸，在粥里适量加入可以降低血液中的总胆固醇和有害胆固醇水平；大豆油可以加强粥润泽肌肤、祛脂养肝、抗衰老、保护脾脏的作用；色拉油可以使粥更香滑，口感好；葵花籽油容易被人体吸收，在粥里适量加入可以预防高脂血症和高胆固醇血症的发生，还可以预防夜盲症，具有延缓人体细胞衰老的作用，对辅助改善神经衰弱和抑郁症也有很好的效果。因此，在煲粥时适当加点油脂，不仅可以给粥增香添色，还可以起到很好的滋补作用，营养又健康！

煲粥巧用花生酱

花生酱中含有丰富的维生素A、维生素E、叶酸、钙、镁、锌、铁和蛋白质等营养物质，还含有大量的单一不饱和脂肪酸。在粥里适量地添加一点花生酱，不仅可以增加粥的香醇口感，还可以起到降低人体内胆固醇含量的作用。

如何获得优质粥油

喝粥油的时候最好空腹，再加入少量食盐，可起到引“药”入肾经的作用，从而增强粥油补肾益精的功效。此外，婴幼儿在开始添加辅食时，粥油也是不错的选择。

需要注意的是，为了获得优质的粥油，煲粥所用的锅要刷干净，不能有油污。煲的时候最好用小火慢熬，不添加任何作料。研究表明，新鲜大米的米油对胃黏膜有保护作用，适合慢性胃炎、胃溃疡患者服用，而贮存过久的陈旧大米的米油则会导致溃疡。因此，熬粥所用的米必须是优质新米，否则，粥油的滋补作用会大打折扣。

材料下锅的顺序

煲粥一定要注意材料下锅的顺序，不易煮烂的要先放，比如米和药材要先放入，蔬菜、水果则最后放入，水产类一定要先汆水，肉类则要拌淀粉后再入锅熬煮，这样可以使熬出来的粥看起来清而不浊。如果喜欢吃生一点，也可把鱼肉、牛肉或猪肝等材料切成薄片，垫入碗底，用煮沸的粥汁冲入碗中，将材料烫至六七分熟，这样吃起来就会感觉特别滑嫩、鲜美。此外，像香菜、葱花、姜末这类调味用的香料只要在起锅前撒入就可以。

煲青菜粥的时候，应该在米粥煮好后放入食盐、味精、油等调味料，最后再放入生的青菜。当冷菜遭遇热粥，青菜的香味就会散发出来，而且青菜的色泽依然鲜嫩，最重要的是青菜的营养不会流失。

高压锅煲粥更营养

用高压锅煲粥可以最大程度地保持食物的营养。另外，由于锅体完全密闭，避免了接触过多氧气，能减少因氧化造成的损失，对于保存抗氧化成分，如多酚类物质，是非常有利的。尤其是用高压锅来烹煮豆类食物，无论是煮还是蒸，在相同软烂程度下，都能减少抗氧化性的损失。比如绿豌豆，用高压锅煮15分钟后，氧自由基吸收能力不仅没有下降，反而有所提升，达到原来的224%。所以，用高压锅来煲粥是健康的好选择。

煲大米粥的技巧

首先往锅内倒入适量清水，待水开后倒入大米，这样，米粒里外的温度不同，更容易煮开花渗出淀粉质。再用旺火加热使水再沸腾，然后改文火熬煮，保持锅内沸滚但米粒和米汤不会溢出。熬煮可以加速米粒、锅壁、汤水之间的摩擦和碰撞，这样，米粒中的淀粉不断溶于水中，粥就会变得黏稠。在熬粥时应注意将锅盖盖好，避免水溶性维生素和其他营养成分随着水蒸气蒸发掉，增强口感。煮大米粥时，往往会有溢锅的现象，可在煲粥时加上5～6滴植物油或动物油，就能避免米粥外溢的现象。

煲小米粥的诀窍

要想煲出一锅美味又营养的小米粥，其实不难，只要注意三点即可。一是要选择新鲜的小米，不要选择陈米，否则煲出来的小米粥口感会大打折扣；二是要注意火候和熬煮的时间，时间大概控制在一个小时左右，这样才能熬煮出小米的香味；三是在煲小米粥的时候一定要不间断地搅拌，千万不要糊底了。

煲玉米粥的诀窍

玉米的营养非常丰富，含有大量蛋白质、膳食纤维、维生素、矿物质、不饱和脂肪酸、卵磷脂等，其中的尼克酸对健康非常有利。但玉米中的尼克酸不是单独存在的，而是和其他物质结合在一起，很难被人体吸收利用。所以在煲玉米粥的时候有个小窍门——加点小苏打，这样就能使尼克酸释放出一半左右，被人体充分利用。同时，小苏打还可帮助保留玉米中的维生素B_1和维生素B_2，避免营养流失。另外，尼克酸在蛋白质、脂肪、糖的代谢过程中起着重要作用，能帮助我们维持神经系统、消化系统和皮肤的正常功能。

煲黑米粥的诀窍

黑米性温，补血又补肾，补而不燥，而且不容易上火。黑米的色素中富含黄酮类活性物质，是白米的5倍之多，对预防动脉硬化很有功效。所以一直以来，黑米就被人们当成一种滋补保健品。但煮过黑米的人都知道，黑米是糙米，很难煮烂，所以一般黑米都用来熬粥。

煲黑米粥时一定要大火烧开后改小火再

煲1小时再关火。光喝黑米粥的口感不佳，可以加入鸡蛋：将两个鸡蛋彻底搅碎后放入黑米粥中，再到火上烧开。加了鸡蛋的黑米粥的口感就改善了许多，有了一点点的香味，而且营养丰富，又利于消化吸收。

煲粥不要放碱

许多人在煲粥的时候喜欢在米中加碱，因为加碱后粥煮得又快又烂。但是这在营养学上是不科学的，因为碱会破坏米中的B族维生素，这样粥的营养就会被破坏，因此煲粥最好不要放碱。

煲粥不要放太多调味料

煲粥最好不要放大量的调味料，因为这样不仅会让粥的营养大打折扣，而且人食用过多的调味料后会出现食欲减退、呕吐腹泻、全身无力、头痛、记忆力衰退、腰痛等症状。

❷ 巧喝粥，更营养

中国人有喝粥的习惯，但喝粥也有讲究和要注意的事项，否则会适得其反，不仅达不到养生健体的目的，反而会危害身体健康。下面让我们一起来了解一下吧！

早晨不要空腹喝粥

早晨最好不要空腹喝粥，因为淀粉经过熬煮过程会变为糊精，糊精会使血糖升高。特别是老年人，更应该避免在早晨时间段内使血糖上升太快。因此，早晨吃早餐时最好先吃一片面包或其他主食，然后再喝粥。

粥不宜天天喝

在保持健康长寿的饮食方式中，“清淡饮食”应该算是其中相当重要的一环。毕竟，高血压、高脂血症、高血糖、糖尿病及肥胖症等疾病大多都和“吃”有着密切关系。有些人认为，“清淡饮食”就是缺油少盐的饮食，还有些人认为，所谓“清淡”就是用粥替代主食，用素菜替代肉类。其实，这些“清淡饮食”是无益身体健康的。“清淡饮食”，特别是长期缺乏蛋白质和脂肪的饮食，会给健康带来更大的威胁。

粥毕竟以水为主，“干货”极少，在胃容量相同的情况下，同体积的粥与馒头、米饭在营养上还是有一定距离的。尤其是那种白粥，营养远远无法达到人体的需求量，长此以往，必将营养不良。

天天喝粥，水含量偏高的粥在进入胃里后，会起到稀释胃酸的作用，对消化不利。不过，即使是喝粥，最好配点荤菜，不能清淡到只配咸菜。最好不要选择白粥，至少应该加入一点菜或肉，变变花样，以求营养均衡。

喝粥的同时也吃点干饭

天气热的时候很多人往往没有食欲，一些本来肠胃就不太好的人则会选择稀粥当主食，觉得喝粥好消化。专家提醒，光喝稀粥并不一定利于消化，应该再吃点干饭。

当然，要想真正消化好，有一个重要的前提——细嚼慢咽，让食物与唾液充分地混合。千万不要小看唾液，它是消化第一步的重要物质。吃干饭的时候必须经过咀嚼，唾液中有消化酶，能促使食物在胃中更易消化，而如果只是喝粥的话，稀粥里的米粒没有经过咀嚼，无法和唾液充分混合进入胃部，不利于消化。

老年人不宜长期喝粥

从古到今，许多老年人把“老人喝粥，多福多寿”看作是养生的至理名言。的确，人老了消化系统也会渐渐衰退，适当喝粥利于消化。但是老年人并不需要天天喝粥，尤其是一天喝两三次粥，就不太合适了。原因在于：一是老年人如果长期以粥为食，会造成营养缺乏。粥的成分总的来说比较单一，其种类和营养物质含量与正餐相比起来还是偏少。二是长期喝粥会影响唾液的分泌。谷物与水长时间混合熬煮形成食糜，几乎无需牙齿的咀嚼和唾液的帮助就会被胃肠消化。唾液有中和胃酸、修复胃黏膜的作用，喝粥的时候口腔几乎不用分泌唾液，自然也不利于保护胃黏膜。

此外，喝粥缺少咀嚼，还会加速老人咀嚼器官的退化。粥类中纤维含量较低，也不利于老年人排便。

婴儿不宜长期喝粥

有的父母会在婴儿四个月大的时候，在添加固体食物时喂婴儿一些粥。这样是可以的，但是不能把粥作为婴儿的主要固体食物。因为粥的体积大，营养密度低，以粥作为主要的固体食物必然会引起各种营养物质供给不足，造成婴儿生长发育速度减慢。

八宝粥更适合大人喝

不能长期给儿童喝八宝粥，其实八宝粥更适合大人喝。“八宝粥”也叫做腊八粥，一般是以粳米和糯米为主料，然后再添加一些干果、豆类、中药材一起熬煮成的。八宝粥的原意是用八种不同的原料熬成的粥，但时至今日，许多八宝粥的原料绝不拘泥于八种。八宝粥中，各种坚果富含人体必需的脂肪酸、多种维生素及微量元素；豆类富含赖氨酸，弥补了谷类中所缺的赖氨酸；中药材具有健脾、滋补、强壮身体的作用，其合而为粥，可以充分发挥互补作用，提高蛋白质的利用率。

胃病患者不宜天天喝粥

传统上主张胃病患者的饮食要以稀粥为主，因为粥易消化。但胃病患者就应该天天喝粥吗？我们知道，稀粥未咀嚼就吞下，没有与唾液充分搅拌，得不到唾液中淀粉酶的初步消化，同时稀粥含水分较多，进入胃内稀释了胃液，从消化的角度来讲是不利的。加之喝稀粥会使胃的容量相对增大，而所供的热量却较少，不仅在一定程度上加重了胃的负担，而且营养相对不足。因此，胃病患者并不适宜天天喝粥。除非是消化性溃疡合并消化道出血或巨大溃疡有出血的危险，一般胃病患者是不需要天天喝稀粥的。

夏季不宜喝冰粥

在炎炎夏季，有的人喜欢喝粥店里的甜粥和冰粥。甜粥中加了不少糖，有增加白糖摄入量的危险。而冰粥经过冰镇，和其他冷食一样，有可能促进胃肠血管的收缩，影响消化吸收。所以，在炎热的夏季不要为了贪图口感和凉爽而大碗喝甜粥和冰粥，还是喝温热的粥比较好。

吃米饭的学问多

俗话说：“人是铁，饭是钢”，道尽了米饭的营养价值。营养专家表示，米饭的营养完整且均衡，是不折不扣的健康食品，除了能供给人体热量外，还有降低胆固醇的效果。营养专家指出，米饭是供给人体热量的主要来源，以米为主食者，可摄取碳水化全物产生热量，并获取优质的蛋白质。米饭中所含膳食纤维、B族维生素，以及钙、磷、铁等矿物质成分，也是目前最佳的摄取来源，并可促进消化与新陈代谢。

❶ 吃菜配饭，饮食误区

随着营养的改善，许多人因为怕胖，纷纷把传统“吃饭配菜”的饮食习惯改为“吃菜配饭”，其实这是错误的做法，如果多吃肉类及油脂，摄取蔬果及淀粉的比重少，反而是不均衡饮食。米饭中所含的蛋白质质量很不错，近年来研究发现，动物性蛋白质比植物性蛋白质较易造成心血管疾病，如果每天吃5碗饭，可以从中获得约20克蛋白质，因此，多吃米饭反而对健康有利。

❷ 吃米饭，不易罹患心血管病

由于近年来“饭桶”被当作肥胖的同义词，许多人因担心肥胖而拒吃淀粉类食物。但饮食专家强调，研究发现，米饭其实有抑制人体脂质含量上升的作用，具有降低血清胆固醇的作用，摄取米饭者反而不容易罹患心血管疾病及肥胖症。

❸ 巧做米饭，吃出健康

现在市面上各种主食让人目不暇接，可中国人爱吃米饭，怎样才能巧做米饭、吃出健康呢？我们在实践中积累了一些经验：与各种健康食物搭配着做米饭，有益健康。如果有高血压、高血脂，可以做燕麦米饭、玉米粒米饭、白萝卜米饭、枸杞米饭。午饭吃干饭，晚饭熬粥，会有很好的效果。做这样的米饭时，不费什么劲，放入大米和食材，用电饭煲就能做出色香味俱佳的各色米饭来。如果上火，可做绿豆米饭、白萝卜米饭。绿豆事先应用清水泡半天，煮熟后再做米饭。 如果大便不畅，可做红薯米饭、南瓜米饭。可根据自己的爱好，把红薯或南瓜切成小块放入米中，食时甘甜可口。 根据不同的时令，还可做不同的水果米饭、胡萝卜米饭、香菇米饭、黑木耳米饭，与相应的炒菜相配，效果会更好。还可做红小豆米饭、黑小豆米饭、大芸豆米饭，豆类煮熟后再与大米一块烹制。

PART2

防病进补美味汤

随着生活水平的不断提高，人们除了满足口腹之欲以外，更加注重用汤品来防病进补、滋润身体。滋补美味的汤品不仅可向人体提供日常所需的能量和各种微量元素，而且对预防和调养身体有着不可估量的作用。

经典汤

一般人都可食用，尤其适合女性食用。

茶树菇猪肉煲

功效 增强免疫

食用禁忌 高血压患者不宜多吃。

茶树菇是一种高蛋白、低脂肪、无污染、无药害且集营养、保健、理疗于一身的纯天然食用菌，富含人体所需的天门冬氨酸、谷氨酸等17种氨基酸和十多种矿物质微量元素，其中蛋白质含量高达19.55%，人体必需的8种氨基酸含量齐全，并且有丰富的B族维生素和钾、钠、钙、镁、铁、锌等矿质元素。它味道鲜美，用作主菜、调味均佳；且有壮阳滋阴、抗癌、降压、防衰、美容保健之功效，对肾虚、尿频、水肿、风湿有独特疗效，对小儿低热、尿床有较理想的辅助治疗功效。

烹饪提示：茶树菇做汤时，想要纤维质高一点的话就不要切。如果是儿童食用的话，就把茶树菇稍微切一下即可。

材料

猪瘦肉300克，茶树菇100克，桂圆50克

调味料

花生油30毫升，高汤适量，食盐少许，味精、葱、姜各5克

详细做法

1. 将猪瘦肉洗净切小块；茶树菇去根、洗净、切段；桂圆洗净备用。
2. 炒锅上火倒入清水，下入猪瘦肉汆水备用。
3. 锅上火倒入花生油，将葱、姜爆香，倒入高汤，调入食盐、味精，加入猪瘦肉、茶树菇、桂圆煲至成熟即可。

常识链接

如何选购茶树菇

盖厚：指的是茶树菇的菇盖，好的菇盖不仅完整，而且厚度合适，类似小纽扣或者食指大小，盖厚是建立在未开伞的基础上。 柄细短：好的茶树菇菇柄只有食指的1/3或1/4，越大质量越不好，也就越老。 未开伞：主要指的是菇帽呈圆形，小而厚，菇盖底下有白膜，开伞的菇盖大而且扁平，菇盖底下无白膜。

色泽：茶树菇以茶色为最佳。

如何保存茶树菇

新鲜茶树菇不宜在常温下保存，在3～5℃的冰箱或冷柜中可保鲜15天以上；干菇宜在干爽、低温处贮藏，在密封塑袋或密封容器中可保质2年，如受潮使菇体变软，可使用微波炉或其他方式烘烤干燥，以利于保存。

一般人都可食用，尤其适合女性食用。

山药猪排汤

功效 降低血糖

食用禁忌 大便燥结者不宜食用。

山药中含有大量淀粉及蛋白质、B族维生素、维生素C、维生素E、葡萄糖、粗蛋白氨基酸、胆汁碱、尿囊素等。其中重要的营养成分薯蓣皂是合成女性激素的首要物质，有滋阴补阳、增强新陈代谢的功效；而新鲜块茎中含有的多糖蛋白成分的黏液质、消化酶等，可预防心脑血管脂肪沉积，有助于胃肠的消化吸收。

烹饪提示：炖猪排汤时，最好是用冷水。只有一次加足冷水，并慢慢地加温，蛋白质才能够充分溶解到汤里，汤的味道才更鲜美。

材料

猪排骨200克，山药50克，白芍6克

调味料

色拉油35毫升，食盐6克，香菜段、枸杞各适量

详细做法

1. 将猪排骨洗切块、汆水；山药去皮、洗净、切片；白芍、枸杞用温水浸泡备用。
2. 净锅上火倒入色拉油，下入猪排骨煸炒，再下入山药同炒1分钟，倒入清水，调入食盐烧沸，下入白芍小火煲至熟，起锅撒上香菜段、枸杞即可。

常识链接

如何选购山药

山药一般要选择茎干笔直、粗壮且拿到手中有一定分量的。如果是切好的山药，则要选择切开处呈白色的。新鲜的山药一般表皮比较光滑，颜色呈自然的皮肤颜色。

山药如何保存

新鲜山药容易跟空气中的氧产生氧化作用，与铁或金属接触也会形成褐化现象，所以切开山药最好用竹刀或塑料刀片，先在皮上画线后，再用手剥开成段。切口处容易氧化，可以先用米酒泡一泡，然后以吹风机吹干，促使切口愈合，再用餐巾纸包好，外围包几层报纸，放在阴凉墙角处即可。如果购买的是切开的山药，则要避免接触空气，用塑料袋包好放入冰箱里冷藏为宜。

小心吃山药

山药具有收敛的作用，便秘或排便不顺者不可吃，否则便秘会更严重。 山药多吃会促进人体分泌激素，对一般人有益，但妇科肿瘤（包括子宫、卵巢、乳房肿瘤）患者，以及男性前列腺肿瘤者均不宜进食，否则会助长肿瘤。

一般人都可食用，尤其适合男性食用。

莲藕萝卜排骨汤

功效 降低血压

食用禁忌 脾胃虚寒者少食。

莲藕含有淀粉、蛋白质、天门冬素、维生素C以及氧化酶成分，含糖量也很高。

胡萝卜含有能诱导人体自身产生干扰素的多种微量元素，可增强机体免疫力，并能抑制癌细胞的生长，对防癌、抗癌有重要意义。胡萝卜中的芥子油和膳食纤维可促进胃肠蠕动，有助于体内废物的排出。常吃胡萝卜可降低血脂，软化血管，稳定血压，预防冠心病、动脉硬化、胆石症等疾病。

烹饪提示：煮汤的时候一次把水加够，另外注意汤并不是煮得越久越好，很多营养物质煮太久了会被破坏掉的。

材料

莲藕250克，猪排100克，胡萝卜75克，上海青10克

调味料

清汤适量，食盐6克

详细做法

1. 将莲藕洗净切块；猪排洗净剁块，汆水；胡萝卜去皮洗净切块；上海青洗净备用。
2. 将清汤倒入锅内，调入食盐烧沸，下入猪排、莲藕、胡萝卜煲至熟，撒入上海青即可。

常识链接

如何辨别莲藕

家藕又分粉藕（如田藕）和脆藕（如荡藕）。粉藕外表呈白色，可以煮烂，适合炖汤；而脆藕则呈红色，不易煮烂、韧性好，甜嫩多汁，适合炒菜。 区分莲藕有个窍门，可以看中心孔数，比如荡藕有9孔，而田藕有11孔。炖汤藕一般是2～3节藕，比较长、粗；炒菜藕一般比较多节，短、胖。长时间炖莲藕，最好选用陶瓷或不锈钢的器皿，避免用铁锅、铝锅，也尽量别用铁刀切莲藕，以减少氧化。

巧炖排骨汤

炖排骨汤时，在水开后加少许醋，使骨头中的磷钙溶解在汤内，这样炖出来的汤既味道鲜美，又便于肠胃吸收。同时，炖汤不要过早放盐。因为盐能使肉里含的水分很快地释放出来，会加快蛋白质的凝固，影响汤的鲜味。

一般人都可食用，尤其适合女性食用。

白菜猪肺汤

功效 养心润肺
食用禁忌 体质寒凉者不宜多吃。

白菜含有丰富的粗纤维，不但有润肠、促进排毒的作用，还能刺激肠胃蠕动、促进大便排泄、帮助消化，对预防肠癌有良好作用。秋冬季节空气特别干燥，寒风对人的皮肤伤害极大，而白菜中含有丰富的维生素C、维生素E，多吃白菜，有很好的护肤和养颜效果。 猪肺有补虚、止咳、止血之功效，可用于辅助治疗肺虚咳嗽、久咳咯血等症。

烹饪提示：清洗猪肺时将猪肺管套在水龙头上，充满水后再倒出，反复几次便可冲洗干净，最后把它倒入锅中烧开，浸出肺管内的残物，再洗一遍，另换水煮至酥烂即可。切白菜时，宜顺丝切，这样白菜易熟。

材料

白菜200克，熟猪肺100克，杏仁20克

调味料

花生油30毫升，食盐6克，味精2克，胡椒粉5克，葱花3克，红椒圈 3 克

详细做法

1. 将白菜洗净撕成块；熟猪肺切片；杏仁洗净备用。
2. 净锅上火倒入花生油，将葱花炝香，下入白菜略炒，倒入清水，调入食盐、味精、胡椒粉，下入熟猪肺、杏仁煲至熟，起锅撒上红椒圈即可。

常识链接

巧用白菜治便秘

取白菜帮洗净，切成薄片，加少许油炒至八成熟，然后将老抽、白糖、醋和淀粉调成汁，放入白菜，拌匀后食用，对便秘患者很有好处。

如何选购猪肺

猪肺的含水量高、肌纤维细嫩，易受胃肠内容物及粪便污血的污染，故极易腐败变质，因此猪肺优劣的感官鉴别尤其重要。在对猪内脏进行感官评价时，首先应留意其色泽、组织致密程度、韧性和弹性如何；其次观察有无脓点、出血点或伤斑，特别应该提到的是有无病变表现；然后是嗅其气味，看有无腐臭或其他令人不愉快的气味。鉴别猪肺优劣，其重点应该放在审视外观、鼻嗅气味和手触摸了解组织形态三个方面。

在挑选猪肺时，其表面色泽粉红、光洁、均匀、富有弹性的为新鲜肺；变质肺的颜色为褐绿或灰白色，有异味，不能食用。如猪肺上有水肿、气肿、结节以及脓样块节等外表异常情况也不能食用。

一般人都可食用，尤其适合女性食用。

土豆玉米棒牛肉汤

功效 排毒瘦身

食用禁忌 湿疹患者不宜食用。

土豆所含的淀粉在体内被缓慢吸收，不会导致血糖过高，可用作糖尿病患者的食疗材料。土豆所含的粗纤维有促进胃肠蠕动和加速胆固醇在肠道内代谢的功效，具有通便和降低胆固醇的作用，可以治疗习惯性便秘和预防血胆固醇增高。土豆是低热能、高蛋白、含有多种维生素和微量元素的食品，是理想的减肥食品。

烹饪提示：土豆切成大小适中的块，牛肉要顺着肉的纹理切更省力，这样做出来的汤口感会很好。

材料

熟牛肉200克，土豆100克，玉米棒65克

调味料

花生油25毫升，食盐少许，鸡精3克，姜2克，香油2毫升，葱花3克

详细做法

1. 将熟牛肉洗净、切丁，土豆去皮、洗净、切块，玉米棒洗净、切块备用。
2. 炒锅上火倒入花生油，将姜煸香后倒入清水，调入食盐、鸡精，下入牛肉、土豆、玉米棒煲至熟淋入香油，撒上葱花即可。

常识链接

如何选购玉米

专家建议，购买生玉米时，以挑选七八成熟的为好，太嫩的水分太多；太老的其中的淀粉增加蛋白质减少，口味也欠佳。玉米洗净煮食时最好连汤也喝，若连同玉米须和两层绿叶同煮，则降压等保健效果更为显著。另外建议尽量选择新鲜玉米，其次可以考虑冷冻玉米。玉米一旦过了保存期限，很容易受潮发霉而产生毒素，购买时注意查看生产日期和保质期。

一般人都可食用，尤其适合孕产妇食用。

羊排红枣山药煲

功效 开胃消食
食用禁忌 肝炎病人忌食。

红枣富含蛋白质、脂肪、糖类、胡萝卜素、B族维生素、维生素C、维生素P以及磷、钙、铁等成分，其中维生素C的含量在果品中名列前茅。羊肉性温，冬季常吃羊肉，不仅可以增加人体热量，抵御寒冷，而且还能增加消化酶，保护胃壁，修复胃黏膜，帮助脾胃消化，起到抗衰老的作用。羊肉营养丰富，对肺结核、气管炎、哮喘、贫血、产后气血两虚、腹部冷痛、体虚畏寒、营养不良、腰膝酸软、阳痿早泄及一切虚寒病症均有很大裨益，具有补肾壮阳、补虚温中等作用。

烹饪提示：羊肉肉质很嫩，不宜久煮，煮久后容易煮得太老，口感欠佳，所以要把握好放羊肉的时间。

材料

羊排350克，山药175克，红枣4颗

调味料

食盐少许

详细做法

1. 将羊排洗净、切块、汆水，山药去皮、洗净、切块，红枣洗净备用。
2. 净锅上火倒入清水，下入羊排、山药、红枣，调入食盐煲至熟即可。

常识链接

去羊肉膻味小窍门

由于羊肉本身有很大一股膻味，食用起来影响口味，怎样可以巧妙地去除羊肉的膻味，这里向大家介绍几个小窍门：将萝卜扎上几个洞，和羊肉同煮，然后捞出羊肉，再进行烹制，膻味即除；每1000克羊肉放入5克绿豆，煮沸10分钟后，将水和绿豆倒掉，羊肉膻味即除；煮羊肉时，每500克羊肉加入100克剖开的甘蔗，可除去羊肉的膻味，增加鲜味；把羊肉切块放入开水锅中加点米醋（500克羊肉加500毫升水、25毫升醋），煮沸后，捞出羊肉烹调，膻味即除。

过量吃红枣有害

红枣虽是进补佳品，但过量进食却有害。生鲜红枣进食过多，易产生腹泻并伤害脾。因此，由于外感风热而引起的感冒、发烧者及腹胀气滞者，均属于忌食人群。此外，由于红枣糖分丰富，尤其是制成零食的红枣，就不适合糖尿病患者进补，以免血糖增高，促使病情恶化。

一般人都可食用，尤其适合男性食用。

红枣核桃乌鸡汤

功效 提神健脑

食用禁忌 痰热喘嗽及阴虚有热者忌食。

乌鸡含有10种氨基酸，其蛋白质、维生素B2、烟酸、维生素E、磷、铁、钾、钠的含量更高，而胆固醇和脂肪含量则很少，乌鸡是补虚劳、养身体的上好佳品。食用乌鸡可以提高生理机能、延缓衰老、强筋健骨，对防治骨质疏松、佝偻病、女性缺铁性贫血症等有明显功效。

烹饪提示： 乌鸡用开水浸泡一下更易去毛，若还有细毛残留，可放在火上略烤一下即可去除。

材料

乌鸡250克，红枣8颗，核桃5克

调味料

食盐3克，姜片5克，葱花2克

详细做法

1. 将乌鸡杀洗净斩块汆水，红枣、核桃洗净备用。
2. 净锅上火倒入清水，调入食盐、姜片，下入乌鸡、红枣、核桃煲至熟，撒入葱花即可。

常识链接

选购乌鸡看七点

① 丛冠，母鸡冠小，如桑葚状，色黑；公鸡冠形大，冠齿丛生，像一束怒放的奇花，又似一朵火焰，焰面出现许多“火峰”，色为紫红，也有大红者。

② 缨头，头顶长有一丛丝毛，形成毛冠，母鸡尤为发达，形如“白绒球”，又叫“游泳头”。

③ 绿耳，耳叶呈现孔雀绿或湖蓝色，犹如佩戴一对翡翠耳环，在性成熟期更是鲜艳夺目、光彩照人，故有人喻为“新婚巧妆”。成年后，色泽变浅，公鸡褪色较快。

④ 毛脚，由胫部至脚趾基部密生白毛，外侧明显，观赏者称之为“毛裤”。

⑤ 乌皮，全身皮肤均为黑色。

⑥ 乌肉，全身肌肉、内脏及腹内脂肪均呈黑色，但胸肌和腿部肌肉颜色较浅。

⑦ 乌骨，骨膜漆黑发亮，骨质暗乌。

一般人均可食用，尤其适合老年人食用。

莲子鹌鹑煲

功效 降低血压

食用禁忌 肾炎患者应慎食鹌鹑。

鹌鹑肉质鲜美，含脂肪少，食而不腻，素有“动物人参”之称。鹌鹑肉主要成分为蛋白质、脂肪、无机盐类，且含有多种氨基酸，胆固醇含量较低。每100克鹌鹑肉中蛋白质含量高达24.3克，比猪、牛、羊、鸡、鸭肉的蛋白质含量都高（鸡肉蛋白质含量为19.7%）。而其脂肪、胆固醇含量又比猪、牛、羊、鸡、鸭肉等低。鹌鹑肉中多种维生素的含量比鸡肉高2～3倍。鹌鹑蛋的营养价值高，与鸡蛋相比蛋白质含量高30%、维生素B1高20%、维生素B2高83%、铁含量高46.1%、卵磷脂高5.6倍，并含有维生素P等成分。

烹饪提示：如果选用的是老莲子，最好挑去莲心，以免食用起来感到苦涩。

材料

鹌鹑400克，莲子100克，上海青叶30克

调味料

食盐少许，味精3克，高汤适量，香油2毫升

详细做法

1. 将鹌鹑洗净斩块汆水，莲子洗净，上海青叶洗净撕成小片备用。
2. 炒锅上火倒入高汤，下入鹌鹑、莲子，调入食盐、味精，小火煲至熟时，下入上海青叶，淋入香油即可。

常识链接

鹌鹑的药用价值

鹌鹑不仅食用营养价值很高，它的药用价值也很高。中医学认为，鹌鹑味甘性平，无毒，具有益中补气、强筋骨、耐寒暑、消结热、利水消肿的作用。明代著名医学家李时珍在《本草纲目》中曾指出，鹌鹑的肉、蛋有补五脏、益中续气、实筋骨、耐寒暑、消热结之功效。鹌鹑蛋对贫血、营养不良、神经衰弱、气管炎、心脏病、高血压、肺结核、小儿疳积、月经不调等病症都有理想的疗效。

如何选购莲子

首先看颜色，漂白过的莲子一眼看上去就是泛白的，其实真正太阳晒过的或是烘干机烘干的莲子，颜色不可能全都是很白的，颜色不会那么统一，天然的、没有漂白过的莲子是有点带黄色的。其次是味道，可以闻一下味道，漂过的莲子没有天然的那种淡香味，干的莲子一大把抓起来还是有很浓的香味，但不会像漂白过的那样有点刺鼻。

一般人都可食用，尤其适合女性食用。

胡萝卜鲫鱼汤

功效 降低血脂
食用禁忌 感冒发热期间不宜多食。

鲫鱼为我国重要的食用鱼类之一，肉质细嫩、肉味甜美，营养价值很高，每100克肉内含蛋白质13克、脂肪11克，并含有大量的钙、磷、铁等矿物质。鲫鱼药用价值极高，其性平、温，味甘；入胃、肾经；具有和中补虚、除湿利水、补虚羸、温胃进食、补中生气之功效，尤其是活鲫鱼汆汤在通乳方面有其他药物不可比拟的作用。

胡萝卜所含的营养素很全面，其中胡萝卜素的含量在蔬菜中名列前茅，并易于被人体吸收。

烹饪提示：鲫鱼烹饪前一定要用水汆去血水，鱼腹的黑色物质要用刀刮掉。

材料

鲫鱼1尾，胡萝卜半根

调味料

食盐少许，葱段、姜片各2克

功效

详细做法

1. 鲫鱼洗净，在两侧切上花刀；胡萝卜去皮洗净，切方丁备用。
2. 净锅上火倒入清水，调入精盐、葱段、姜片，下入鲫鱼、胡萝卜煲至熟即可。

常识链接

怎样吃胡萝卜更营养

专家建议每人每天应均衡摄入10毫克的天然胡萝卜素。胡萝卜是摄取胡萝卜素的主要来源。人们要提高食用胡萝卜有益健康的认识，吃比不吃强、熟吃比生吃强、捣碎吃比囫囵吃强。由于胡萝卜素属于脂溶性维生素,所以，只有经过油炒才能容易被人体所吸收。生食胡萝卜时，人体只能吸收其中微量的胡萝卜素，营养价值大打折扣。因此人们食用时要用足量的食油炒食；而将胡萝卜切成块，与猪肉或牛、羊肉用压力锅炖15~20分钟食用，既减轻了肉的腥味又提高了肉汤的营养，这种肉汤特别适合老人、小孩食用。

素菜汤

喝素菜汤，可以吸收大量的维生素C和维生素A，补充人体营养。而素菜汤中含有大量碱性成分，通过消化道进入人体内可使体液环境呈正常的弱碱性状态，有利于促使人体内的污染物或毒性物质重新溶解，随尿液排出体外。

冬瓜豆腐汤

材料

冬瓜200克，豆腐100克，虾米50克

调味料

食盐少许，香油3毫升，味精3克，高汤适量

制作方法

1. 将冬瓜去皮瓤洗净切片，虾米用温水浸泡洗净，豆腐洗净切片备用。
2. 净锅上火倒入高汤，调入食盐、味精，加入冬瓜、豆腐、虾米煲至熟，淋入香油即可。

银耳莲子冰糖饮

材料

水发银耳150克，水发莲子30克，水发百合25克

调味料

冰糖适量

制作方法

1. 将水发银耳择洗净，撕成小朵，水发莲子、水发百合洗净备用。
2. 净锅上火倒入纯净水，调入冰糖，下入水发银耳、莲子、百合煲至熟即可。

萝卜香菇粉丝汤

材料

白萝卜100克，香菇30克，水发粉丝20克，豆苗10克

调味料

高汤适量，食盐少许

制作方法

1. 将白萝卜、香菇洗净均切成丝，水发粉丝洗净切段，豆苗洗净备用。
2. 净锅上火，倒入高汤，调入食盐，下入白萝卜、香菇、水发粉丝、豆苗煲至熟即可。

腐竹山木耳汤

材料

水发腐竹90克，水发山木耳30克，青菜10克

调味料

花生油20毫升，老抽少许，食盐5克，葱、姜各3克

制作方法

1. 将水发腐竹切段，水发山木耳撕成小朵备用。
2. 净锅上火倒入花生油，将葱、姜爆香，倒入清水，调入食盐、老抽烧沸，下入水发腐竹、水发山木耳、青菜煲至熟即可。

萝卜豆腐煲

材料

白萝卜150克，胡萝卜80克，豆腐50克

调味料

食盐适量，味精、香菜各3克，香油3毫升

制作方法

1. 将白萝卜、胡萝卜去皮，豆腐均切成小丁备用。
2. 炒锅上火倒入清水，调入食盐、味精，下入白萝卜、胡萝卜、豆腐煲至熟，淋入香油，放入香菜即可。

步步高升煲

材料

年糕175克，日本豆腐3根，红薯100克，银杏10颗

调味料

高汤、食盐各适量

制作方法

1. 将年糕、日本豆腐、红薯均洗净切块，银杏洗净备用。
2. 净锅上火倒入高汤，调入食盐，下入年糕、日本豆腐、红薯、银杏煲至熟即可。

橘子杏仁菠萝汤

材料

菠萝100克，杏仁80克，橘子20克

调味料

冰糖50克

制作方法

1. 将菠萝去皮切块，杏仁洗净，橘子切片。
2. 净锅上火倒入清水，调入冰糖，下入菠萝、杏仁、桔子烧沸即可。

海带黄豆汤

材料

海带结100克，黄豆20克

调味料

食盐、姜片各3克

制作方法

1. 将海带结洗净，黄豆洗净用温水浸泡至回软备用。
2. 净锅上火倒入清水，调入食盐、姜片，下入黄豆、海带结煲至熟即可。

豆腐上海青蘑菇汤

材料

豆腐150克，上海青45克，蘑菇30克

调味料

高汤适量，食盐少许

制作方法

1. 将豆腐、上海青、蘑菇洗净切丝备用。
2. 净锅上火倒入高汤，调入食盐，下入豆腐、蘑菇煲至熟，撒入上海青即可。

雪梨山楂甜汤

材料

雪梨半个，山楂卷25克

调味料

冰糖6克

制作方法

1. 将雪梨洗净去皮、核，切丁，山楂卷切片备用。
2. 净锅上火倒入清水，下入雪梨、山楂卷烧开，调入冰糖煲至熟即可。

菠萝银耳红枣甜汤

材料

菠萝125克，水发银耳20克，红枣8颗

调味料

白糖10克

制作方法

1. 将菠萝去皮洗净切块，水发银耳洗净摘成小朵，红枣洗净备用。
2. 汤锅上火倒入清水，下入菠萝、水发银耳、红枣煲至熟，调入白糖搅匀即可。

莲藕绿豆汤

材料

莲藕150克，绿豆35克

调味料

食盐2克

制作方法

❶ 将莲藕去皮洗净切块，绿豆淘洗净备用。

❷ 净锅上火倒入清水，下入莲藕、绿豆煲至熟，调入食盐搅匀即可。

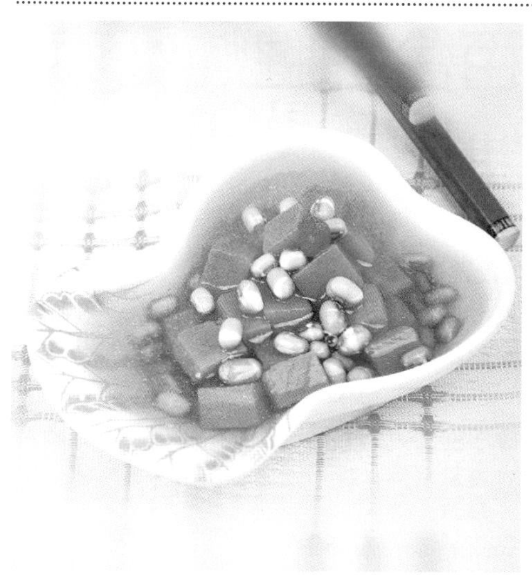

南瓜绿豆汤

材料

南瓜350克，绿豆100克

调味料

冰糖少许

制作方法

❶ 将南瓜去皮、籽，洗净切丁，绿豆淘洗净备用。

❷ 净锅上火倒入清水，下入南瓜、绿豆烧开，调入冰糖煲至熟即可。

芦笋腰豆汤

材料

红腰豆100克，芦笋75克

调味料

清汤适量，红糖52克

制作方法

❶ 将红腰豆洗净、芦笋洗净切丁备用。

❷ 净锅上火倒入清汤，下入红腰豆、芦笋，调入红糖，煲至熟即可。

肉禽蛋汤

美味肉、禽、蛋汤以口味众多、营养丰富、味道可口见长，含有丰富的蛋白质、氨基酸、核苷酸，同时含有大量的脂溶性维生素、矿物质等人体必需物质。可以肯定地说，肉畜蛋汤的营养是很全面的。一碗美味的肉禽蛋汤，一定会让你终生不忘。

百合猪腱炖红枣

材料

猪腱子肉200克，水发百合30克，红枣10颗

调味料

清汤适量，食盐6克，葱花2克

制作方法

1. 将猪腱子肉洗净、切片，水发百合洗净，红枣稍洗备用。
2. 净锅上火倒入清汤，下入猪腱子肉，调入食盐烧沸，再下入清水发百合、红枣，煲至熟，撒上葱花即可。

莲藕猪腱汤

材料

猪腱子肉300克，莲藕125克，香菇10克

调味料

色拉油12毫升，食盐5克，葱、姜各2克，香油4毫升

制作方法

1. 将猪腱子肉洗净、切块，莲藕去皮、洗净、切块，香菇洗净、切块备用。
2. 汤锅上火倒入色拉油，将葱、姜爆香，下入猪腱子肉烹炒，倒入清水，下入莲藕、香菇，调入食盐，煲至成熟，淋入香油即可。

红豆黄瓜猪肉煲

材料

猪肉300克，黄瓜100克，红豆50克，陈皮3克

调味料

色拉油30毫升，食盐6克，葱5克，高汤适量

制作方法

1. 将猪肉切块、洗净、汆水，黄瓜洗净改滚刀块，红豆、陈皮洗净备用。
2. 净锅上火倒入色拉油，将葱炝香，下入猪肉略煸，倒入高汤，调入食盐，倒入黄瓜、红豆、陈皮，小火煲至熟即可。

胡萝卜莲子炖鸡

材料

老鸡200克，胡萝卜150克，莲子30克

调味料

色拉油20毫升，食盐适量，味精3克，葱、姜各6克

制作方法

1. 将老鸡剖洗净，斩块汆水；胡萝卜去皮洗净切块，莲子洗净备用。
2. 净锅上火，倒入色拉油，将葱、姜炝香，倒入清水，加入老鸡、胡萝卜、莲子，调入食盐、味精，煲至熟即可。

苦瓜煲五花肉

材料

猪五花肉200克，苦瓜50克，水发木耳10克

调味料

花生油10毫升，食盐4克，老抽2毫升，蒜片5克

制作方法

1. 将猪五花肉洗净、切块，苦瓜洗净、切块，水发木耳洗净、撕成小朵备用。
2. 净锅上火倒入花生油，将蒜片爆香，下入猪五花肉煸炒，烹入老抽，下入苦瓜、水发木耳，倒入清水，调入食盐至熟即可。

南北杏猪肉煲

材料

猪瘦肉250克，南杏、北杏各100克

调味料

色拉油20毫升，味精、葱各3克，食盐、高汤各适量

制作方法

❶ 将猪瘦肉洗净、切块、汆水，南杏、北杏洗净备用。

❷ 净锅上火倒入色拉油，将葱炝香，倒入高汤，调入食盐、味精，下入猪瘦肉、南北杏煲制熟即可。

玄参地黄瘦肉汤

材料

猪瘦肉120克，豆芽20克，玄参5克，生地黄3克

调味料

清汤适量，食盐5克，姜片3克，红枣8颗

制作方法

❶ 将猪瘦肉洗净、切块，豆芽去根、洗净，红枣洗净备用。

❷ 净锅上火倒入清汤，下入姜片、玄参、生地黄烧开至汤色较浓时，捞出调味料，再下入猪肉、豆芽红枣，调入食盐烧沸，撇去浮沫至熟即可。

枸杞香菇瘦肉汤

材料

猪瘦肉200克，香菇50克，党参4克，枸杞2克

调味料

食盐6克

制作方法

❶ 将猪瘦肉洗净、切丁，香菇洗净、切丁，党参、枸杞均洗净备用。

❷ 净锅上火倒入清水，调入食盐，下入猪瘦肉烧开，撇去浮沫，再下入香菇、党参、枸杞煲至熟即可。

双色排骨汤

材料

卤水豆腐200克，胡萝卜100克，猪排75克

调味料

清汤适量，食盐6克，姜片3克，香菜段5克

制作方法

1. 将卤水豆腐洗干净切块，胡萝卜洗净切块，猪排洗净斩块备用。
2. 净锅上火，倒入清汤，下入姜片、胡萝卜、猪排、豆腐烧开，撇去浮沫，调入食盐煲至熟，撒入香菜段即可。

丝瓜西红柿排骨汤

材料

西红柿250克，丝瓜125克，卤排骨100克

调味料

高汤适量，食盐3克，白糖2克，料酒4毫升

制作方法

1. 将西红柿洗净切块，丝瓜去皮洗净切滚刀块，卤排骨备用。
2. 汤锅上火倒入高汤，调入食盐、白糖、料酒，下入西红柿、丝瓜、卤排骨煲至熟即可。

黄瓜红枣排骨汤

材料

黄瓜250克，猪排骨200克，红枣6颗

调味料

清汤适量，食盐6克，葱、姜各3克

制作方法

1. 将黄瓜洗净切滚刀块，猪排骨洗净斩块焯水，红枣洗净备用。
2. 净锅上火倒入清汤，调入食盐、葱、姜，下入猪排骨、红枣煲至快熟时，下入黄瓜再续煲至熟即可。

绿豆海带排骨汤

材料

海带片200克，猪排骨175克，绿豆20克

调味料

清汤适量，食盐6克，姜片3克

制作方法

1. 海带片洗净切块，猪排骨洗净斩块焯水，绿豆淘洗净备用。
2. 净锅上火倒入清汤，调入食盐、姜片，下入猪排骨、绿豆煲至快熟时，下入海带续煲至熟即可。

海带排骨汤

材料

海带结200克，排骨175克

调味料

清汤适量，食盐6克，姜片3克，葱花2克

制作方法

1. 将海带结洗净，排骨洗净斩块焯水冲净备用。
2. 净锅上火倒入清汤，调入食盐、姜片，下入排骨、海带结，煲至熟即可。
3. 放入食盐调味，起锅撒上葱花即可。

桂圆煲鸡汤

材料

土鸡300克，桂圆100克，韭菜子20克

调味料

食盐少许，味精2克，葱、姜各3克

制作方法

1. 将土鸡洗净剁块，桂圆、韭菜子洗净备用。
2. 炒锅上火倒入清水，下入鸡块汆去血色，冲净备用。
3. 净锅上火倒入清水，加入土鸡、桂圆、韭菜子，调入食盐、味精、葱、姜，煲至熟即可。

菌菇排骨汤

材料

多菌菇（袋装）100克，排骨200克

调味料

色拉油20毫升，食盐少许，味精3克，老抽3克，葱、姜各5克，香油3毫升

制作方法

❶ 将排骨洗净剁块，多菌菇洗净备用。

❷ 炒锅上火倒入色拉油，将葱、姜爆香，倒入清水，调入食盐、味精、老抽，放入排骨、多菌菇煲至熟，淋入香油即可。

茉莉排骨汤

材料

排骨250克，茉莉花150，枸杞5克

调味料

食盐、高汤适量，味精3克，香油3毫升，葱花5克

制作方法

❶ 将排骨洗净、切块、汆水，茉莉花、枸杞洗净备用。

❷ 净锅上火倒入高汤，调入食盐、味精大火烧开，加入排骨、茉莉花、枸杞，煲至熟淋入香油，起锅撒上葱花即可。

党参豆芽骨头汤

材料

猪骨200克，黄豆芽75克，党参5克

调味料

色拉油45毫升，食盐6克，味精3克，葱、姜各2克

制作方法

❶ 将猪骨洗净、汆水，黄豆芽洗净，党参用温水清洗备用。

❷ 净锅上火倒入色拉油，将葱、姜煸香，下入黄豆芽翻炒，倒入清水，下入猪骨、党参烧沸，调入食盐、味精至熟即可。

木耳芦笋排骨汤

材料

芦笋150克，水发黑木耳50克，猪排骨75克

调味料

清汤适量，食盐6克，葱、姜各5克

制作方法

1. 将芦笋洗干净切段，水发黑木耳洗净切块，猪排骨洗净斩块焯水备用。
2. 净锅上火倒入清汤，下入葱、姜、猪排骨、水发黑木耳、芦笋，调入食盐，煲至熟即可。

银杏猪脊排汤

材料

银杏150克，猪脊排125克，桑白皮5克，茯苓3克

调味料

清汤适量，食盐6克，葱、姜片各3克

制作方法

1. 将银杏去除硬壳，用温水浸泡洗净；猪脊排洗净斩块备用。
2. 净锅上火倒入清汤，调入食盐、葱、姜片、桑白皮、茯苓，下入银杏、猪脊排煲至熟即可。

椰子杏仁鸡汤

材料

老鸡250克，椰子1个，杏仁50克，百合30克

调味料

食盐少许，味精3克，高汤适量

制作方法

1. 将老鸡洗净改块，杏仁洗净，椰子取肉切小块，百合洗净备用。
2. 净锅上火倒入高汤，下入老鸡、椰肉、杏仁、百合，调入食盐、味精烧沸，煲至熟即可。

咸菜肉丝蛋花汤

材料

咸菜100克，猪瘦肉75克，胡萝卜30克，鸡蛋1个

调味料

色拉油10毫升，老抽少许

制作方法

1. 将咸菜、猪瘦肉洗净切丝，胡萝卜去皮洗净切丝，鸡蛋打入盛器搅匀备用。
2. 净锅上火倒入色拉油，下入肉丝煸炒，再下入胡萝卜、咸菜稍炒，烹入老抽，倒入清水煲至熟，淋入鸡蛋液即可。

榨菜肉丝汤

材料

榨菜175克，水发粉丝30克，猪瘦肉75克

调味料

花生油10毫升，葱、姜各2克，香菜段3克，香油5毫升

制作方法

1. 将榨菜洗净切丝，水发粉丝洗净切段，猪瘦肉洗净切丝备用。
2. 净锅上火倒入花生油，将葱、姜爆香，下入肉丝煸炒，下入榨菜丝再稍炒，倒入清水煲至熟，撒入香菜段，淋入香油即可。

酸菜五花肉煲粉皮

材料

酸白菜200克，猪五花肉100克，水发粉皮25克

调味料

高汤适量，老抽4毫升，食盐少许

制作方法

1. 将酸白菜洗净切丝，猪五花肉洗净切片，水发粉皮洗净备用。
2. 净锅上火倒入高汤，调入老抽、食盐，下入酸白菜、猪五花肉、水发粉皮煲至熟即可。

猪肉牡蛎海带干贝汤

材料

海带结150克，牡蛎肉75克，猪瘦肉50克，干贝20克

调味料

食盐少许

制作方法

1. 将海带结洗净，牡蛎肉洗净，猪瘦肉洗净切块，干贝洗净浸泡备用。
2. 汤锅上火倒入清水，下入海带结、牡蛎肉、猪肉、干贝，调入食盐煲至熟即可。

椒香白玉汤

材料

内酯豆腐1盒，猪肉30克，青、红山椒各5克

调味料

清汤适量，食盐3克

制作方法

1. 将内酯豆腐切块，猪肉切末备用。
2. 净锅上火倒入清汤，调入食盐，青、红山椒，下入肉末、内酯豆腐煲至熟即可。

豆腐皮瘦肉煲

材料

豆腐皮150克，猪瘦肉100克，香菇20克

调味料

食盐少许，红椒丝、葱花各适量

制作方法

1. 将豆腐皮洗净切块，猪瘦肉洗净切块焯水，香菇洗净切块备用。
2. 净锅上火倒入清水，调入食盐，下入豆腐皮、猪瘦肉、香菇煲至熟，起锅撒上红椒丝、葱花即可。

芋头香菇猪肉煲

材料

芋头200克，猪瘦肉90克，香菇8朵

调味料

黄豆油20毫升，食盐少许，八角1个，葱、姜末各2克，老抽少许

制作方法

❶ 将芋头去皮洗净切滚刀块，猪瘦肉洗净切片，香菇洗净切块备用。

❷ 净锅上火倒入黄豆油，将葱、姜末、八角爆香，下入猪肉煸炒，烹入老抽，下入芋头、香菇同炒，倒入清水，调入食盐煲至成熟即可。

玉米鸡肉汤

材料

鸡脯肉150克，玉米粒100克，鸡蛋1个

调味料

食盐适量，味精2克，淀粉10克，高汤适量

制作方法

❶ 鸡脯肉洗净剁成泥，加淀粉搅匀备用；鸡蛋打入碗中。

❷ 炒锅上火倒入高汤，下入鸡肉泥做成米粒状，加入玉米粒，调入食盐、味精、淀粉，再倒入鸡蛋液，煮沸即可。

百合红枣瘦肉羹

材料

水发百合100克，红枣6颗，莲子20颗，猪瘦肉30克

调味料

食盐、葱花各适量

制作方法

❶ 将水发百合洗净，红枣、莲子洗净浸泡20分钟，猪瘦肉洗净切成丁备用。

❷ 净锅上火，倒入清水，调入食盐烧开，下入百合、红枣、莲子、肉丁煲至熟，起锅撒上葱花即可。

双果猪肉汤

材料

猪腿肉100克，苹果45克，干无花果6颗

调味料

色拉油60毫升，食盐6克，鸡精、葱花各3克

制作方法

1. 将猪腿肉洗净、切片，苹果洗净、切片，干无花果用温水浸泡备用。
2. 净锅上火倒入色拉油，将葱花炝香，下入猪腿肉煸炒成熟，倒入清水，调入食盐、鸡精烧沸，下入苹果、无花果至熟即可。

香蕉素鸡瘦肉汤

材料

猪瘦肉120克，香蕉80克，素鸡50克

调味料

食盐少许，味精3克，高汤适量

制作方法

1. 将猪瘦肉洗净、切片、汆水备用，香蕉去皮切片，素鸡切片。
2. 净锅上火倒入高汤，调入食盐、味精烧沸，下入猪瘦肉、香蕉、素鸡煲至成熟即可。

香菇黄瓜瘦肉汤

材料

猪瘦肉100克，黄瓜75克，香菇10克

调味料

色拉油20毫升，食盐少许，味精、葱、姜各3克，香油2毫升，老抽3毫升

制作方法

1. 将猪瘦肉洗净、汆水，黄瓜洗净、切片，香菇去根改刀备用。
2. 净锅上火倒入色拉油，将葱、姜炝香，烹入老抽，倒入清水，调入食盐、味精，下入肉片、黄瓜、香菇烧开煲至成熟，淋入香油即可。

红豆薏米瘦肉汤

材料

红豆、薏米各25克，猪瘦肉20克，红枣、桂圆各4颗

调味料

白糖适量

制作方法

1. 将红豆、薏米淘洗净浸泡30分钟，猪瘦肉洗净切小丁，红枣、桂圆洗净备用。
2. 净锅上火倒入清水烧开，下入红豆、薏米、红枣、桂圆煲至快熟时，下入肉丁续煲至熟，调入白糖搅匀即可。

萝卜猪腱汤

材料

白萝卜175克，猪腱子肉100克，杏仁12克

调味料

清汤适量，食盐6克，葱、姜各3克

制作方法

1. 将白萝卜洗净切成滚刀块，猪腱子肉洗净切方块，杏仁洗净备用。
2. 净锅上火倒入清汤，调入食盐、葱、姜，下入猪腱子肉烧开，撇去浮沫，再下入白萝卜、杏仁煲至熟即可。

玉米小白菜排骨汤

材料

猪排250克，玉米棒30克，小白菜25克

调味料

食盐适量

制作方法

1. 将猪排洗净、切块、汆水，玉米棒洗净、切片，小白菜洗净、切段备用。
2. 净锅上火倒入清水，下入排骨、玉米棒烧开，调入食盐，煲至熟，下入小白菜即可。

丹参猪心汤

材料

猪心1个，丹参6克，黄芪3克

调味料

食盐6克

制作方法

1. 将猪心洗净、切片，丹参洗净备用。
2. 净锅上火倒入清水，调入食盐、黄芪，下入猪心、丹参煲至成熟即可。

雪梨鸡块煲

材料

鸡腿肉200克，雪梨1个

调味料

食盐、香菜各少许

制作方法

1. 将鸡腿肉洗净斩块汆水，雪梨洗净去皮切方块备用。
2. 净锅上火倒入清水，调入食盐，下入鸡块、雪梨，煲至熟，撒上香菜即可。

生姜肉桂猪肚汤

材料

猪肚400克，生姜30克，肉桂2颗

调味料

食盐6克

制作方法

1. 将猪肚洗净、切块、汆水，生姜去皮、洗净，肉桂洗净备用。
2. 净锅上火倒入清水，调入食盐，下入猪肚、生姜、肉桂煲至成熟即可。

胡萝卜鸡蛋汤

材料

咸菜100克，猪瘦肉75克，胡萝卜30克，鸡蛋1个

调味料

花生油10毫升，老抽少许

制作方法

1. 将咸菜、猪瘦肉洗净切丝，胡萝卜去皮洗净切丝，鸡蛋打入盛器搅匀备用。
2. 净锅上火倒入花生油，下入肉丝煸炒，再下入胡萝卜、咸菜稍炒，烹入老抽，倒入清水煲至熟，淋入鸡蛋液即可。

糯香人参鸡汤

材料

鸡腿肉175克，人参1支，糯米30克

调味料

食盐、葱花各适量

制作方法

1. 将鸡腿肉洗净斩块汆水，人参洗净，糯米淘洗干净备用。
2. 净锅上火倒入清水，调入食盐，下入鸡块、人参、糯米煲至熟，撒上葱花即可。

山药枸杞猪肚汤

材料

山药200克，熟猪肚100克，枸杞5克

调味料

清汤适量，花生油12毫升，食盐4克

制作方法

1. 将山药去皮洗净切丝，熟猪肚切丝，枸杞洗净备用。
2. 汤锅上火倒入清汤，下入熟猪肚、山药、枸杞，调入食盐煲至熟即可。

酸菜猪血肉汤

材料

猪血150克，酸菜75克，猪肉45克

调味料

色拉油10毫升，食盐5克，鸡精2克，葱、姜、蒜各1克

制作方法

❶ 将猪血切块，酸菜洗净切段，猪肉洗净切丝备用。

❷ 汤锅上火倒入色拉油，将葱、姜、蒜炝香，下入猪肉煸炒，倒入清水，下入猪血，调入食盐、鸡精，小火煲至熟即可。

猪肝老鸡煲

材料

猪肝200克，老鸡150克，西蓝花50克

调味料

食盐适量，味精3克，葱、姜各5克，花生油20毫升

制作方法

❶ 将猪肝洗净切片，老鸡洗净斩块一同焯水，西蓝花洗净掰成小块备用。

❷ 净锅上火倒入花生油，葱、姜爆香，倒入清水，下入猪肝、老鸡、西蓝花，调入食盐、味精，煲至熟即可。

鹌鹑蛋猪肝煲

材料

猪肝250克，鹌鹑蛋100克，黄瓜50克

调味料

食盐少许，香油3毫升

制作方法

❶ 将猪肝洗净切片焯水待用，鹌鹑蛋煮熟去皮，黄瓜洗净切丝。

❷ 炒锅上火倒入清水，调入食盐，下入猪肝、鹌鹑蛋煲至熟，撒入黄瓜丝，淋入香油即可。

高汤肠有福

材料

熟猪大肠250克，豆腐100克，上海青30克

调味料

色拉油30毫升，高汤、食盐各适量，味精3克，胡椒粉3克，葱2克

制作方法

1. 将熟猪大肠切段，豆腐切小块，上海青洗净备用。
2. 净锅上火倒入色拉油，葱煸香，倒入高汤，下入大肠、豆腐、上海青，调入食盐、味精、胡椒粉煲至熟即可。

花生猪肠汤

材料

猪肠200克，花生米75克，西蓝花35克

调味料

食盐5克，老抽少许

制作方法

1. 将猪肠洗净切块焯水，花生米泡开洗净，西蓝花洗净掰成小朵备用。
2. 汤锅上火倒入清水，下入猪肠、花生米、西蓝花，调入食盐、老抽煲至熟即可。

白菜叶猪肺汤

材料

熟猪肺250克，白菜叶45克，杏仁（袋装）25克

调味料

食盐6克，红椒圈2克

制作方法

1. 将熟猪肺切片，白菜叶洗净撕成小片，杏仁洗净备用。
2. 净锅上火倒入清水，调入食盐，下入熟猪肺、白菜叶、杏仁煲至熟，起锅撒上红椒圈即可。

桂圆猪皮汤

材料

猪皮250克，桂圆肉、红枣各4克，当归3克

调味料

食盐6克

制作方法

❶ 将猪皮洗净切成方块，桂圆肉、红枣洗净备用。

❷ 净锅上火倒入清水，调入食盐、当归，再下入猪皮、桂圆肉、红枣烧开，撇去浮沫，煲至熟即可。

猪头肉煲洋葱

材料

熟猪头肉175克，茭白75克，洋葱45克，水发木耳5克

调味料

老抽少许

制作方法

❶ 将熟猪头肉、茭白、洋葱洗净均切方块，水发木耳洗净撕成小朵备用。

❷ 净锅上火倒入清水，调入老抽，下入熟猪头肉、茭白、洋葱、水发木耳，煲至熟即可。

黄金腊肉汤

材料

腊肉200克，冬瓜125克，南瓜50克

调味料

葱花3克

制作方法

❶ 将腊肉洗净切块，冬瓜、南瓜去皮洗净均切块备用。

❷ 汤锅上火倒入清水，下入腊肉、冬瓜块、南瓜块煲至熟，撒入葱花即可。

绿色大肠煲

材料

熟猪大肠150克，菠菜100克，豆腐50克

调味料

食盐少许，味精3克，高汤适量

制作方法

❶ 将大肠切小块，豆腐切小块，菠菜洗净切段备用。

❷ 净锅上火倒入高汤，下入大肠、豆腐、菠菜，调入食盐、味精，煲至熟即可。

豆角猪肺煲

材料

干豆角150克，熟猪肺100克，枸杞10颗

调味料

黄豆油25毫升，食盐5克，味精3克，葱花4克

制作方法

❶ 将干豆角洗净，用温水泡透切段；猪肺切片；枸杞洗净备用。

❷ 净锅上火倒入黄豆油，将葱花炝香，下入豆角炒1分钟，再下入猪肺，倒入清水，调入食盐、味精，下入枸杞，煲至熟即可。

豆芽腰片汤

材料

猪腰200克，黄豆芽100克

调味料

食盐5克，胡椒粉4克

制作方法

❶ 将猪腰洗净，去除腰臊切片焯水，黄豆芽洗净备用。

❷ 净锅上火倒入清水，调入食盐，下入黄豆芽、猪腰煲至熟，调入胡椒粉即可。

枸杞牛肉汤

材料

牛肉350克，枸杞20克

调味料

食盐5克，葱段3克

制作方法

1. 牛肉洗净、切片，枸杞洗净备用。
2. 净锅上火倒入清水，调入食盐，下入牛肉烧开，撇去浮沫，下入枸杞煲至熟即可。

花生胡萝卜煲牛肉

材料

牛肉250克，花生120克，胡萝卜75克

调味料

花生油20毫升，食盐少许，味精、香菜各3克，葱5克，高汤适量

制作方法

1. 将牛肉去筋切块、汆水，花生洗净，胡萝卜洗净、切块备用。
2. 净锅上火倒入花生油，将葱炝香，倒入高汤，下入牛肉、花生、胡萝卜，调入食盐、味精，煲至成熟撒入香菜即可。

什锦牛丸汤

材料

牛肉300克，胡萝卜100克，圣女果80克，木耳20克

调味料

食盐、高汤各适量，味精3克，淀粉6克

制作方法

1. 将牛肉洗净剁成肉馅，加淀粉搅匀；胡萝卜去皮、洗净切碎；圣女果洗净一分为二；木耳洗净撕成小块备用。
2. 炒锅上火倒入高汤，下入肉馅汆成丸子，再下入胡萝卜、圣女果、木耳，调入食盐、味精烧沸即可。

腰果核桃牛肉汤

材料

牛肉210克，核桃100克，腰果50克

调味料

食盐6克，鸡精2克，香葱8克

制作方法

1. 将牛肉洗净、切块、汆水，核桃洗净，腰果洗净备用。
2. 汤锅上火倒入清水，下入牛肉、核桃、腰果，调入食盐、鸡精，煲至成熟，撒入香葱即可。

灵芝鸡汤

材料

鸡腿肉200克，灵芝10克

调味料

花生油20毫升，食盐3克，胡椒粉5克，葱段4克

制作方法

1. 将鸡腿洗净斩块汆水，灵芝用温水洗净备用。
2. 净锅上火，倒入花生油，将葱段炒香，下入鸡块煸炒至八成熟，倒入清水，调入食盐，下入灵芝煲至熟，调入胡椒粉即可。

花生银耳牛肉汤

材料

牛肉200克，花生100克，银耳50克

调味料

花生油10毫升，食盐少许，葱2克，高汤适量

制作方法

1. 将牛肉洗净、切丁，花生洗净，银耳洗净、撕小块备用。
2. 炒锅上火倒入花生油，将葱炝香，倒入高汤，加入牛肉、花生、银耳，调入食盐煲至熟即可。

萝卜牛尾煲

材料

牛尾300克，白萝卜150克，胡萝卜100克

调味料

花生油30毫升，葱、姜、味精各3克，胡椒粉2克，食盐适量

制作方法

1. 将牛尾洗净、切块、汆水，白萝卜，胡萝卜均洗净切滚刀块备用。
2. 炒锅上火倒入花生油，将葱、姜爆香，倒入清水，调入食盐、味精、胡椒粉，下入牛尾、白萝卜、胡萝卜煲至熟即可。

海参牛尾汤

材料

牛尾200克，水发海参1只，枸杞10克

调味料

高汤适量，食盐少许，味精3克

制作方法

1. 将牛尾洗净、切块、汆水，水发海参、枸杞洗净备用。
2. 汤锅上火倒入高汤，下入牛尾、海参、枸杞，调入食盐、味精，煲至熟即可。

鲜奶西蓝花牛尾汤

材料

牛尾250克，西蓝花100克，鲜奶适量

调味料

色拉油20毫升，食盐少许

制作方法

1. 将牛尾洗净切块、汆水，西蓝花洗净掰小块备用。
2. 净锅上火倒入色拉油，下入西蓝花煸炒2分钟，加入鲜奶、牛尾，调入食盐，煲至熟即可。

牛肉煲冬瓜

材料

熟牛肉200克，冬瓜100克

调味料

色拉油25毫升，食盐少许，味精、葱、姜各3克，香菜2克，老抽3毫升

制作方法

❶ 将熟牛肉切块，冬瓜去皮、籽洗净切成滚刀块备用。

❷ 炒锅上火，倒入色拉油，将葱、姜炝香，倒入清水，调入食盐、味精、老抽，放入熟牛肉、冬瓜煲至熟，撒入香菜即可。

牛肚鳝鱼汤

材料

牛肚150克，鳝鱼100克，党参30克

调味料

花生油30毫升，食盐少许，味精3克，葱3克

制作方法

❶ 将牛肚洗干净片成薄片，鳝鱼洗净焯水，党参洗净备用。

❷ 炒锅上火倒入花生油，将葱炝香倒入清水，下入牛肚、鳝鱼、党参，调入食盐、味精煲至熟即可。

百合牛肚汤

材料

牛肚200克，百合50克，枸杞10克

调味料

食盐少许，高汤适量

制作方法

❶ 将牛肚洗净、汆水，百合、枸杞洗净。

❷ 净锅上火倒入高汤，调入食盐，下入牛肚、百合、枸杞，煲至熟即可。

莲藕羊肉汤

材料

莲藕150克，羊肉75克，红枣4颗

调味料

花生油10毫升，食盐少许，胡椒粉5克

制作方法

1. 将莲藕洗净切块，羊肉洗净切块，红枣洗净备用。
2. 净锅上火倒入花生油，下入羊肉稍炒，下入莲藕同炒，倒入清水，下入红枣，调入食盐、胡椒粉煲至熟即可。

山药羊排鲫鱼煲

材料

羊排300克，鲫鱼1条，山药30克

调味料

食盐少许，葱段3克，胡椒粉5克

制作方法

1. 将羊排洗净、切块、汆水，鲫鱼杀洗净，山药去皮、洗净、切块备用。
2. 净锅上火倒入清水，调入食盐、葱段烧开，下入羊排、鲫鱼、山药，煲至熟，调入胡椒粉即可。

山药羊排煲

材料

羊排250克，山药100克，枸杞5克

调味料

花生油20毫升，食盐少许，味精3克，葱6克，香菜5克

制作方法

1. 将羊排洗净、切块、汆水，山药去皮洗净切块，枸杞洗净备用。
2. 炒锅上火倒入花生油，将葱爆香，加入清水，下入羊排、山药、枸杞，调入少许食盐、味精，煲至熟撒入香菜即可。

菠菜羊肉丸子汤

材料

羊肉丸子200克，菠菜50克

调味料

食盐少许，胡椒粉5克，高汤适量

制作方法

1. 将羊肉丸子稍洗，菠菜洗净、切段、汆水备用。
2. 净锅上火倒入高汤，下入羊肉丸子，调入食盐，下入菠菜至熟，调入胡椒粉搅匀即可。

枸杞红枣羊肉汤

材料

羊肉450克，火腿15克，红枣6颗，枸杞10粒

调味料

清汤适量，食盐4克

制作方法

1. 将羊肉洗净、切块、汆水，火腿切成块，红枣、枸杞洗净备用。
2. 汤锅上火倒入清汤，调入食盐，下入羊肉、火腿、红枣、枸杞煲至熟即可。

橘子羊肉汤

材料

羊肉300克，橘子50克

调味料

食盐少许，味精3克，高汤适量

制作方法

1. 将羊肉洗净切大片汆水，橘子切片备用。
2. 炒锅上火倒入高汤，调入食盐、味精，加入羊肉、橘子煲至熟即可。

银杏银耳乌鸡汤

材料

乌鸡200克，水发银耳15克，银杏10颗

调味料

食盐3克

制作方法

1. 将乌鸡洗净斩块汆水，水发银耳洗净撕成小朵，银杏去皮洗净备用。
2. 汤锅上火倒入清水，下入乌鸡、水发银耳、银杏，调入食盐煲至熟即可。

枸杞乌鸡煲

材料

乌鸡400克，枸杞3克

调味料

食盐适量

制作方法

1. 将乌鸡剖洗净斩块汆水，枸杞洗净备用。
2. 净锅上火倒入清水，调入食盐，下入乌鸡、枸杞煲至熟即可。

人参阿胶煲乌鸡

材料

乌鸡300克，人参1支，阿胶20克，上海青20克

调味料

食盐6克，葱、姜各2克

制作方法

1. 将乌鸡剖洗净斩块汆水，人参洗净，上海青洗净，阿胶斩碎备用。
2. 煲锅上火倒入清水，下入葱、姜，调入食盐，下入乌鸡、人参、阿胶煲至熟，放入上海青稍煮即可。

冬瓜玉米鸡汤

材料

家鸡250克，玉米棒100克，冬瓜75克

调味料

食盐、香菜末各少许

制作方法

1. 将家鸡杀洗净斩块汆水，玉米棒切成小块，冬瓜去皮、籽洗净切块备用。
2. 净锅上火倒入清水，下入家鸡、玉米棒、冬瓜烧开，调入食盐煲至熟，撒上香菜末即可。

香菇糯米鸡煲

材料

家鸡400克，香菇25克，糯米20克

调味料

食盐6克，香菜末2克

制作方法

1. 将家鸡杀洗干净斩块汆水，香菇洗净切块，糯米淘洗净备用。
2. 煲锅上火，倒入清水，下入家鸡、香菇、糯米，调入食盐，煲至熟，撒上香菜末即可。

冬菇山药煲鸡块

材料

冬菇200克，山药150克，肉鸡125克

调味料

食盐6克

制作方法

1. 将冬菇洗净切块，山药去皮洗净切块，肉鸡洗净斩块汆水备用。
2. 煲锅上火倒入清水，调入食盐，下入冬菇、山药、鸡块小火煲至熟即可。

板栗乌鸡煲

材料

乌鸡350克，板栗150克，核桃仁50克

调味料

食盐少许，味精2克，高汤适量

制作方法

1. 将乌鸡杀洗干净，斩块汆水；板栗去壳洗净，核桃仁洗净备用。
2. 炒锅上火倒入高汤，下入乌鸡、板栗、核桃仁，调入食盐、味精煲至熟即可。

桂圆乌鸡煲

材料

乌鸡250克，桂圆100克，百合30克

调味料

食盐少许，味精4克，葱段、姜片各6克，高汤适量

制作方法

1. 将乌鸡洗净斩块汆水，桂圆去外壳洗净，百合洗净。
2. 煲锅上火倒入高汤，加入乌鸡、桂圆、百合，调入食盐、味精、葱、姜，煲至熟即可。

田七当归乌鸡煲

材料

乌鸡1只，田七30克，当归4克

调味料

食盐5克，葱段、姜片各2克

制作方法

1. 将乌鸡剖洗净斩块汆水，田七洗净备用。
2. 煲锅上火倒入清水，调入食盐、葱、姜片、当归，下入乌鸡煲至将熟，下入田七即可。

当归鸡肝汤

材料

鸡肝250克，当归5克

调味料

食盐3克

制作方法

1. 将鸡肝洗净切块汆水，当归洗净备用。
2. 汤锅上火倒入清水，调入食盐，下入鸡肝、当归煲至熟即可。

鸡肝百合汤

材料

鸡肝150克，百合100克，笋片50克，枸杞5克

调味料

食盐少许，味精2克，高汤适量

制作方法

1. 鸡肝汆水切片备用，百合、笋片、枸杞洗净。
2. 煲锅上火倒入高汤，下入鸡肝、百合、笋片、枸杞，调入食盐、味精烧沸，煲制入味即可。

黑豆红枣鸡爪汤

材料

鸡爪3只，黑豆30克，红枣15克

调味料

食盐5克

制作方法

1. 将鸡爪洗净汆水；黑豆、红枣用温水浸泡40分钟，洗净备用。
2. 汤锅上火倒入清水，调入食盐，下入黑豆、鸡爪、红枣煲至熟即可。

西洋参煲乳鸽

材料

乳鸽450克，西洋参10克，菜心6克

调味料

食盐6克

制作方法

1. 将乳鸽杀洗净斩块汆水，西洋参洗净，菜心洗净备用。
2. 净锅上火倒入清水，调入食盐，下入乳鸽、西洋参煲至熟，下入菜心即可。

萝卜鸽子汤

材料

鸽子1只（约400克），白萝卜150克

调味料

食盐3克，鸡精2克

制作方法

1. 将鸽子洗净斩块汆水，白萝卜洗净切块备用。
2. 汤锅上火倒入清水，调入食盐、鸡精，下入鸽子、白萝卜煲至熟即可。

山药瘦肉鸽子汤

材料

鸽子1只（约400克），山药150克，猪瘦肉100克，银杏50克

调味料

食盐6克，味精3克，高汤适量，葱、姜各5克

制作方法

1. 将鸽子宰杀洗净剁块汆水；山药、银杏洗净；猪瘦肉洗净切小块，汆水备用。
2. 净锅上火倒入高汤，调入食盐、味精、葱、姜烧沸，下入鸽子、猪瘦肉、山药、银杏煲至熟即可。

大蒜花生鸡爪汤

材料

大蒜150克，花生米100克，鸡爪两只，青菜20克

调味料

色拉油30毫升，食盐4克，味精2克

制作方法

❶ 将大蒜洗净，花生米洗净浸泡，鸡爪洗净，青菜择洗干净切小段备用。

❷ 净锅上火倒入色拉油，下入大蒜煸至金黄色，倒入清水，下入鸡爪、花生米，调入食盐、味精煲至熟，撒入青菜即可。

枸杞萝卜鸭煲

材料

鸭肉250克，白萝卜175克，枸杞5克

调味料

食盐少许，姜片3克

制作方法

❶ 将鸭肉洗净斩块汆水，白萝卜洗净去皮切方块，枸杞洗净备用。

❷ 净锅上火倒入清水，下入鸭子、白萝卜、枸杞，调入食盐煲至熟即可。

茯苓鸭子汤

材料

鸭子300克，茯苓6克，红枣4颗

调味料

食盐6克，姜片2克

制作方法

❶ 将鸭子洗净斩块汆水，茯苓、红枣洗净备用。

❷ 净锅上火倒入清水，调入食盐、姜片，下入鸭肉、茯苓、红枣煲至熟即可。

水产海鲜汤

水产海鲜汤的营养十分丰富，食疗功效更是独到，尤其适宜老人、幼儿和病人食用。水产海鲜汤含有一种特殊的脂肪酸，具有健脾开胃、利尿消肿、止咳平喘、清热解毒等功能。不同种类水产海鲜的保健功能也不尽相同，并常常成为诸多靓汤的主料。快来喝水产汤吧，其鲜美的味道定会让你久久回味。

黄瓜鱼块豆腐煲

材料

草鱼250克，南豆腐150克，黄瓜100克

调味料

色拉油20毫升，食盐5克，胡椒粉3克，葱段、姜片各2克

制作方法

1. 将草鱼洗净斩块，南豆腐洗净切块，黄瓜洗净切块备用。
2. 炒锅上火倒入色拉油，将葱段、姜片炝香，下入鱼块煎炒，倒入清水，调入食盐，下入南豆腐、黄瓜煲至熟，调入胡椒粉搅匀即可。

双丸青菜煲

材料

草鱼肉丸、羊肉丸各150克，青菜50克

调味料

清汤适量，食盐少许

制作方法

1. 将草鱼肉丸、羊肉丸稍洗，青菜洗净备用。
2. 净锅上火倒入清汤，调入食盐，下入鱼肉丸、羊肉丸、青菜煲至熟即可。

胡萝卜山药鲫鱼煲

材料

鲫鱼1条，山药40克，胡萝卜30克

调味料

食盐5克，葱段、姜片各2克

制作方法

1. 将鲫鱼洗净；山药、胡萝卜去皮洗净，切块备用。
2. 净锅上火倒入清水，调入食盐、葱、姜，下入鲫鱼、山药、胡萝卜煲至熟即可。

山药山楂糕炖鲫鱼

材料

鲫鱼1条，山药40克，山楂糕10克

调味料

食盐5克

制作方法

1. 将鲫鱼剖洗净斩块，山药去皮洗净切块，山楂糕切块备用。
2. 净锅上火倒入清水，调入食盐，下入鲫鱼、山药、山楂糕煲至熟即可。

鲜蘑菇火腿鱼汤

材料

鲜蘑菇200克，鲤鱼肉125克，火腿25克

调味料

大豆油20毫升，食盐4克，味精2克，葱段、姜片各3克

制作方法

1. 将鲜蘑菇洗净切块，鲤鱼肉洗净斩块，火腿切块备用。
2. 汤锅上火倒入大豆油，将葱段、姜片爆香，下入鲤鱼肉煎炒，倒入清水，调入食盐、味精，下入鲜蘑菇、火腿煲至熟即可。

枸杞天麻鱼头汤

材料

鲢鱼头1个，天麻12克，枸杞10颗

调味料

食盐6克，白糖2克，姜片4克

制作方法

1. 将鲢鱼头洗净剁块，天麻洗净，枸杞洗净泡开备用。
2. 汤锅上火倒入清水，调入食盐、白糖、姜片，下入鲢鱼头、天麻、枸杞煲至熟即可。

冬瓜鱼头汤

材料

胖鱼头1个，冬瓜300克

调味料

清汤适量，食盐5克，葱段、姜片各4克

制作方法

1. 将胖鱼头洗净，斩成大小均匀的块；冬瓜去皮、籽洗净，切块备用。
2. 净锅上火倒入清汤，调入食盐、葱段、姜片，下入胖鱼头、冬瓜煲至熟即可。

黄豆猪肉鲈鱼煲

材料

鲈鱼1条，猪瘦肉200克，黄豆75克

调味料

食盐6克，胡椒粉5克，香菜段3克

制作方法

1. 将鲈鱼洗净斩块；猪肉洗净切成小块；黄豆洗净，浸泡12小时备用。
2. 煲锅上火倒入清水，下入鲈鱼、猪肉、黄豆，调入食盐、胡椒粉煲至熟，撒入香菜即可。

海鲜煲

材料

鱿鱼200克，扇贝肉50克，菠菜45克，粉丝20克

调味料

食盐少许

制作方法

1. 将鱿鱼洗净切成小块，汆水；扇贝肉洗净；菠菜择洗净，切段后焯水；粉丝泡透切段备用。
2. 净锅上火倒入清水，调入食盐，下入鱿鱼、扇贝肉、菠菜、粉丝煲至熟即可。

笔管鱼煲豆腐

材料

笔管鱼250克，豆腐175克

调味料

食盐5克，香油2毫升

制作方法

1. 将笔管鱼剖洗净切块，豆腐洗净切块备用。
2. 净锅上火倒入清水，调入食盐，下入豆腐煲15分钟，再下入笔管鱼煲至熟，淋入香油即可。

海参甲鱼汤

材料

水发海参100克，甲鱼1只，枸杞10克

调味料

高汤、食盐各适量，味精3克

制作方法

1. 将海参洗净；甲鱼洗净斩块，汆水备用；枸杞洗净。
2. 炒锅上火倒入高汤，调入食盐、味精，下入甲鱼、海参、枸杞煲至熟即可。

腰豆鲮鱼芋头汤

材料

芋头200克，鲮鱼（罐装）120克，腰豆20克

调味料

清汤适量，食盐6克，姜片3克

制作方法

1. 芋头去皮洗净切成片，鲮鱼取出，腰豆稍洗待用。
2. 净锅上火倒入清汤，调入食盐、姜片，下入芋头、鲮鱼、腰豆，煲至熟即可。

鳝鱼苦瓜枸杞汤

材料

鳝鱼300克，苦瓜40克，枸杞10克

调味料

高汤适量，食盐少许

制作方法

1. 将鳝鱼洗净切段，汆水；苦瓜洗净，去籽切片；枸杞洗净备用。
2. 净锅上火倒入高汤，下入鳝段、苦瓜、枸杞烧开，调入食盐煲至熟即可。

鱿鱼香汤

材料

鱿鱼175克，胡萝卜50克，水发粉丝20克

调味料

食盐少许，胡椒粉7克，香醋5毫升，香菜段2克，香油3毫升

制作方法

1. 将鱿鱼洗净切丝、汆水，胡萝卜去皮洗净切丝，水发粉丝洗净切段备用。
2. 净锅上火倒入清水，下入鱿鱼丝、胡萝卜丝、水发粉丝，调入食盐、胡椒粉、香醋煮至熟，撒入香菜段，淋入香油即可。

山药薏米虾丸汤

材料

虾丸（袋装）250克，山药45克，薏米20克

调味料

高汤适量，食盐5克，葱花少许

制作方法

1. 将虾丸取出，山药去皮洗净切块，薏米淘洗干净备用。
2. 净锅上火倒入高汤，调入食盐，下入虾丸、山药、薏米煲至熟，撒上葱花即可。

冬笋海味汤

材料

冬笋175克，鱿鱼125克，虾米20克，菜心15克

调味料

清汤适量，食盐5克

制作方法

1. 将冬笋洗净切块，鱿鱼杀洗干净切块，虾米洗净，菜心洗净备用。
2. 汤锅上火倒入清汤，下入冬笋、鱿鱼、虾米、菜心煲至熟，调入食盐即可。

竹笋牡蛎党参汤

材料

牡蛎肉300克，竹笋50克，党参4克

调味料

清汤适量，食盐5克

制作方法

1. 将牡蛎肉洗净，竹笋处理干净切片，党参洗净备用。
2. 汤锅上火倒入清汤，下入牡蛎肉、竹笋、党参，调入食盐煲至熟即可。

豆腐海带螺片汤

材料

海螺肉120克，豆腐100克，海带30克

调味料

食盐少许

制作方法

1. 将海螺肉洗净切片，豆腐洗净切丝，海带洗净切丝备用。
2. 净锅上火倒入清水，下入海螺片、豆腐、海带，调入食盐煮熟即可。

豆腐笋片甲鱼煲

材料

甲鱼1只，豆腐100克，笋片50克

调味料

色拉油20毫升，食盐少许，味精3克，胡椒粉、葱段、姜片各5克

制作方法

1. 将甲鱼洗净斩块，汆水；豆腐切块；笋片洗净备用。
2. 净锅上火倒入色拉油，将葱段、姜片炝香，倒入清水，下入甲鱼、豆腐、笋片，调入食盐、味精、胡椒粉煲至熟即可。

甲鱼山药煲

材料

甲鱼400克，山药50克，枸杞10克

调味料

花生油20毫升，食盐6克，味精3克，葱段、姜片各2克，香油4毫升

制作方法

1. 将甲鱼洗净斩块，汆水；山药去皮洗净，切块；枸杞洗净浸泡备用。
2. 净锅上火倒入花生油，将葱段、姜片炝香，倒入清水，调入食盐、味精，下入甲鱼、山药、枸杞煲至熟，淋入香油即可。

滋补汤

滋补汤是中国的传统医学知识与烹调经验相结合的产物。它传承了传统中医中的滋阴补阳思想与历史悠久的食疗文化，“寓医于食”，既将药物作为食物，又将食物赋予药用，药借食力，食助药威，二者相辅相成，相得益彰；既具有较高的营养价值，又可防病治病、保健强身、延年益寿，更是兼具丰富营养与显著特色的美味佳肴。

芹香鲜奶汤

材料

芹菜150克，鲜奶适量

调味料

白糖少许

制作方法

❶ 将芹菜择洗净切碎备用。

❷ 净锅上火倒入鲜奶，下入芹菜煮沸，调入白糖即可。

双耳桂圆蘑菇汤

材料

水发黑木耳、银耳各12克，蘑菇10克，桂圆肉8克

调味料

食盐5克，白糖2克

制作方法

❶ 将水发黑木耳、银耳洗净撕成小朵，蘑菇洗净撕成小块，桂圆肉泡至回软备用。

❷ 汤锅上火倒入清水，下入水发黑木耳、银耳、蘑菇、桂圆肉，调入食盐、白糖煲至熟即可。

银耳莲子羹

材料

银耳150克，莲子100克，桂圆50克

调味料

清汤适量，冰糖50克

制作方法

❶ 将银耳洗净撕块，莲子去心、桂圆去亮洗净备用。

❷ 炒锅上火，倒入清汤，调入冰糖，下入莲子、银耳、桂圆煲至熟即可。

绿豆百合汤

材料

绿豆180克，水发百合50克

调味料

高汤适量，白糖10克

制作方法

❶ 将绿豆淘洗干净，水发百合洗净备用。

❷ 净锅上火倒入高汤烧沸，下入绿豆、百合煲至熟，调入白糖搅匀即可。

莲子红枣花生汤

材料

莲子100克，花生50克，红枣30个

调味料

冰糖55克

制作方法

❶ 将莲子、花生、红枣洗净备用。

❷ 汤锅上火倒入清水，下入莲子、花生、红枣烧沸，撇去浮沫，调入冰糖即可。

冰糖红枣汤

材料

鲜红枣100克

调味料

冰糖20克

制作方法

1. 将红枣洗净备用。
2. 汤锅上火倒入适量矿泉水，加入红枣，下入冰糖烧沸即可。

麦片莲子瘦肉汤

材料

猪瘦肉300克，麦片150克，莲子50克

调味料

花生油25毫升，食盐6克，味精3克，葱、姜各5克，高汤适量

制作方法

1. 将猪瘦肉洗净切片、汆水备用，麦片洗净，莲子用温水浸泡备用。
2. 净锅上火倒入花生油，将葱、姜炝香，倒入高汤，调入食盐、味精，加入猪瘦肉、莲子、麦片煲至熟即可。

灵芝红枣瘦肉汤

材料

猪瘦肉300克，灵芝4克，红枣4颗

调味料

食盐6克

制作方法

1. 将猪瘦肉洗净、切片，灵芝、红枣洗净备用。
2. 净锅上火倒入清水，调入食盐，下入猪瘦肉烧开，撇去浮沫，下入灵芝、红枣煲至熟即可。

山药肉片汤

材料

山药100克，猪瘦肉75克，干玉米须2克，枸杞10颗

调味料

清汤适量，食盐6克，葱、姜片各2克

制作方法

1. 山药去皮洗净切片，猪瘦肉洗净切片，干玉米须泡发，枸杞洗净备用。
2. 净锅上火倒入清汤，调入食盐、葱、姜片，下入肉片烧开，撇去浮沫，再下入干玉米须、枸杞、山药煮至熟即可。

瓠子皮蛋瘦肉汤

材料

瓠子175克，猪肉50克，皮蛋1个

调味料

高汤、食盐各适量

制作方法

1. 将瓠子洗净切丝，猪肉洗净切丝，皮蛋切片备用。
2. 净锅上火倒入清水，调入食盐，下入肉丝烧沸，撇去浮沫，再下入瓠子、皮蛋煲至熟即可。

香菇冬笋煲小鸡

材料

小公鸡250克，鲜香菇100克，冬笋65克，上海青8棵

调味料

色拉油20克，食盐少许，味精5克，香油2克，葱、姜各3克

制作方法

1. 将小公鸡杀洗干净，剁块汆水；香菇去根洗净，冬笋切片，上海青洗净备用。
2. 炒锅上火倒入色拉油，将葱、姜爆香，倒入清水，下入鸡肉、香菇、冬笋，调入食盐、味精烧沸，放入上海青，淋入香油即可。

熟地山药瘦肉汤

材料

猪瘦肉100克，山药50克，熟地黄10克

调味料

花生油35毫升，食盐6克，葱、姜各3克，香油5毫升

制作方法

❶ 将猪瘦肉洗净、切片，山药去皮、洗净、切片，熟地黄洗净备用。

❷ 净锅上火倒入花生油，将葱、姜爆香，下入猪瘦肉煸炒至八成熟，再下入山药同炒，倒入清水，下入熟地黄，调入食盐至熟，淋入香油即可。

冬笋煲肘子

材料

猪肘子1个，冬笋75克，枸杞10克

调味料

食盐6克，葱、姜片各3克

制作方法

❶ 将猪肘子洗净、汆水，冬笋洗净、切块，枸杞洗净备用。

❷ 煲锅上火倒入清水，下入肘子、冬笋、枸杞烧开，调入食盐、葱、姜片煲至熟即可。

莲子薏米汤

材料

猪瘦肉100克，莲子50克，薏米30克，枸杞10克

调味料

食盐、高汤各适量，味精3克

制作方法

❶ 将猪瘦肉洗净剁成米粒状后汆水，莲子、薏米、枸杞分别洗净备用。

❷ 净锅上火倒入高汤，下入猪肉、莲子、薏米、枸杞，调入食盐、味精煲至汤浓即可。

南瓜排骨汤

材料

南瓜250克，排骨150克

调味料

食盐5克，葱段3克

制作方法

1. 将南瓜洗净去皮、籽切块，排骨洗净斩块焯水备用。
2. 汤锅上火倒入清水，调入食盐、葱段，下入南瓜、排骨煲至熟即可。

莲藕排骨汤

材料

莲藕175克，猪排100克，水发黑木耳20克，红枣4颗，生地黄5克

调味料

葱、姜片各3克，食盐6克

制作方法

1. 将莲藕洗净切成块，猪排洗净斩块焯水，水发黑木耳洗净撕成小朵，红枣洗净备用。
2. 净锅上火倒入清水，下入葱、姜片、生地黄，调入食盐，下入猪排、莲藕、木耳、红枣煲至熟即可。

香菇木耳骨头汤

材料

香菇120克，水发木耳30克，猪骨少许

调味料

食盐5克

制作方法

1. 将香菇洗净切片，水发木耳洗净撕成小朵，猪骨洗净敲碎备用。
2. 净锅上火倒入清水，调入食盐，下入猪骨煲约40分钟，捞去残渣，下入香菇、水发木耳煲至熟即可。

佛手瓜煲猪蹄

材料

佛手瓜200克，猪蹄半只

调味料

食盐5克，鸡精3克

制作方法

1. 将佛手瓜洗净切块，猪蹄洗净斩块、汆水洗净备用。
2. 净锅上火倒入清水，调入食盐，下入猪蹄煲至快熟时，下入佛手瓜续煲至熟，调入鸡精即可。

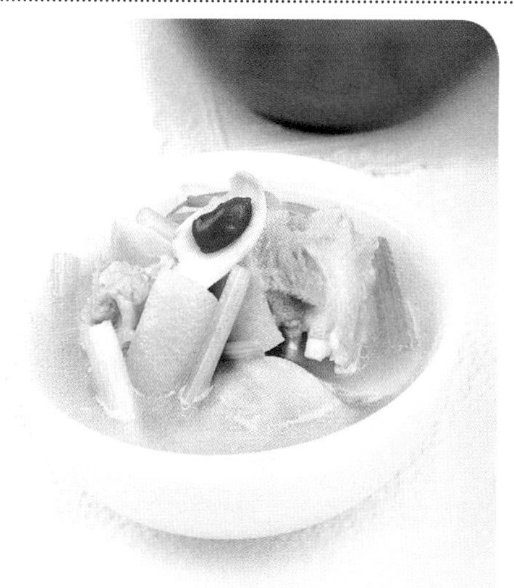

百合西芹猪蹄汤

材料

水发百合125克，西芹100克，猪蹄175克

调味料

清汤适量，食盐5克，葱、姜各5克

制作方法

1. 将水发百合洗净，西芹择洗净切段，猪蹄洗净斩块备用。
2. 净锅上火倒入清汤，调入食盐，下入葱、姜、猪蹄烧开，撇去浮沫，再下入清水发百合、西芹煲至熟即可。

无花果蘑菇猪蹄汤

材料

猪蹄1只，蘑菇150克，无花果30克

调味料

食盐5克，香菜3克

制作方法

1. 将猪蹄洗净、切块，蘑菇洗净撕条，无花果洗净备用。
2. 汤锅上火倒入清水，调入食盐，下入猪蹄、蘑菇、无花果煲至熟，撒上香菜即可。

绿豆排骨汤

材料

排骨200克，绿豆25克，陈皮5克

调味料

食盐、葱花各适量

制作方法

1. 将排骨洗净、切块、汆水，绿豆淘洗净，陈皮用温水浸泡备用。
2. 净锅上火倒入清水，下入排骨、绿豆、陈皮，小火煲70分钟，调入食盐，撒入葱花即可。

黄芪骨头汤

材料

猪龙骨250克，黄芪10克

调味料

色拉油40毫升，食盐6克，味精3克，葱、姜各2克

制作方法

1. 将猪龙骨洗净、汆水，黄芪用温水洗净备用。
2. 净锅上火倒入色拉油，葱、姜爆出香味，下入龙骨煸炒几下，随后倒入清水，下入黄芪，调入食盐、味精至熟即可。

黑豆莲藕猪蹄汤

材料

莲藕200克，猪蹄150克，黑豆25克，红枣8颗，当归3克

调味料

清汤适量，食盐6克，姜片3克

制作方法

1. 将莲藕洗净切成块，猪蹄洗净斩块，黑豆、红枣洗净浸泡20分钟备用。
2. 净锅上火倒入清汤，下入姜片、当归，调入食盐烧开，下入猪蹄、莲藕、黑豆、红枣煲至熟即可。

黄豆猪蹄汤

材料

猪蹄半只，黄豆45克

调味料

食盐适量

制作方法

❶ 将猪蹄洗净、切块、汆水，黄豆用温水浸泡40分钟备用。

❷ 净锅上火倒入清水，调入食盐，下入猪蹄、黄豆煲60分钟即可。

鲜奶猪蹄汤

材料

猪蹄400克，鲜奶250毫升，红枣10克

调味料

食盐少许，味精3克，高汤适量

制作方法

❶ 将猪蹄洗净、切块、汆水，红枣洗净。

❷ 汤锅上火倒入高汤，加入鲜奶、猪蹄、红枣，调入食盐、味精煲至熟，入味即可。

木瓜猪蹄汤

材料

猪蹄1个，木瓜175克

调味料

食盐6克

制作方法

❶ 将猪蹄洗净、切块、汆水，木瓜洗净、切块备用。

❷ 净锅上火倒入清水，调入食盐，下入猪蹄煲至快熟时，再下入木瓜煲至熟即可。

何首乌猪蹄汤

材料

猪蹄400克，何首乌汁100毫升，熟地黄10克

调味料

食盐6克

制作方法

1. 将猪蹄洗净、切块、汆水备用。
2. 汤锅上火倒入清水、何首乌汁，调入食盐、熟地黄，下入猪蹄煲至熟即可。

灵芝猪心汤

材料

猪心250克，灵芝10克

调味料

食盐6克

制作方法

1. 将猪心洗净切粗条、汆水，灵芝用温水洗净浸泡备用。
2. 净锅上火倒入清水，调入食盐，下入猪心、灵芝煮至熟即可。

人参猪心汤

材料

猪心200克，人参1支，红枣5颗

调味料

色拉油25毫升，食盐6克，葱、姜各3克，老抽少许

制作方法

1. 将猪心洗净、切块、汆水，人参、红枣用温水洗净备用。
2. 净锅上火倒入色拉油，将葱、姜爆香，烹入老抽，下入猪心烹炒，倒入清水，下入人参、红枣，调入食盐煲至熟即可。

心心相莲煲

材料

猪心150克，鸡心75克，菜心50克，鲜莲藕45克

调味料

高汤适量，食盐少许，老抽3毫升

制作方法

1. 将猪心洗净、切片、汆水，鸡心洗净改刀汆水，菜心洗净，鲜莲藕去皮、洗净、切片备用。
2. 净锅上火倒入高汤，调入老抽，下入猪心、鸡心、鲜莲藕，调入食盐煲至熟，再下入菜心即可。

猪心参片汤

材料

猪心195克，人参片8克，青菜叶10克

调味料

清汤适量，食盐5克，葱、姜各2克

制作方法

1. 将猪心洗净、汆水，人参片洗净，青菜叶洗净备用。
2. 汤锅上火倒入清汤，调入食盐、葱、姜，下入猪心、人参片至熟，撒入青菜叶即可。

豆芽洋参猪血煲

材料

猪血200克，黄豆芽100克，西洋参8克

调味料

高汤适量，食盐6克

制作方法

1. 将猪血洗净切块，黄豆芽洗净，西洋参洗净浸泡备用。
2. 净锅上火倒入高汤，调入食盐，下入猪血、黄豆芽、西洋参煲至熟即可。

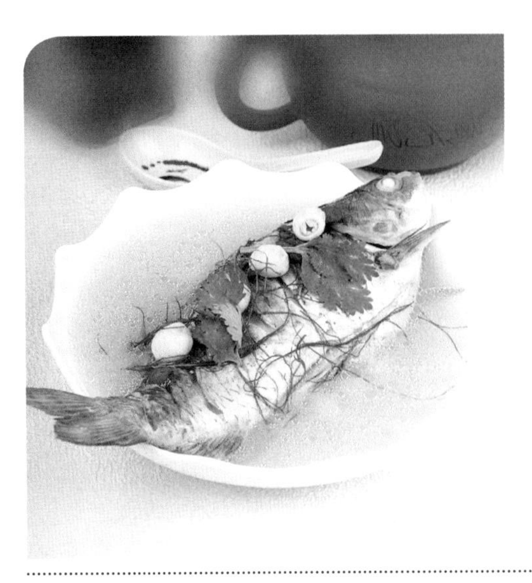

玉米须鲫鱼煲

材料

鲫鱼450克，玉米须150克，莲子肉5克

调味料

色拉油30毫升，食盐少许，味精3克，葱段、姜片各5克

制作方法

1. 将鲫鱼剖洗净，在鱼身上打上花刀；玉米须洗净；莲子肉洗净备用。
2. 净锅上火倒入色拉油，将葱、姜炝香，下入鲫鱼略煎，倒入清水，调入食盐、味精，加入玉米须、莲子肉煲至熟即可。

丝瓜豆腐皮鱼头汤

材料

丝瓜350克，豆腐皮30克，鲢鱼头200克

调味料

清汤适量，食盐5克，葱末、姜片各3克，香菜段2克

制作方法

1. 将丝瓜、豆腐皮洗净切块，鲢鱼头洗净斩块备用。
2. 汤锅上火倒入清汤，调入食盐、葱末、姜片，下入丝瓜、豆腐皮、鲢鱼头煲至熟，撒入香菜段即可。

枸杞鳝鱼头汤

材料

胖鱼头1个，枸杞6克，川芎2克，白芷1克

调味料

食盐5克

制作方法

1. 胖鱼头洗净斩块，枸杞、川芎、白芷洗净备用。
2. 汤锅上火倒入清水，调入食盐、川芎、白芷烧开15分钟，去渣，下入胖鱼头、枸杞煲至熟即可。

红枣鹿茸羊肉汤

材料

羊肉300克，鹿茸5克，红枣5颗

调味料

食盐6克

制作方法

1. 将羊肉洗净、切块，鹿茸、红枣洗净备用。
2. 净锅上火倒入清水，调入食盐，下入羊肉、鹿茸、红枣，煲至熟即可。

红枣鱼头汤

材料

鲢鱼头250克，红枣6颗

调味料

食盐5克，胡椒粉4克

制作方法

1. 将鲢鱼头剖洗净斩块，红枣洗净备用。
2. 净锅上火倒入清水，调入食盐，下入鱼头、红枣煲至熟，调入胡椒粉搅匀即可。

鱼羊鲜汤

材料

鲫鱼200克，羊肉150克

调味料

食盐6克

制作方法

1. 将鲫鱼剖洗净斩块，羊肉洗净切块备用。
2. 净锅上火倒入清水，调入食盐，下入鲫鱼、羊肉煲至熟即可。

木瓜煲鲈鱼

材料

鲈鱼1尾，木瓜125克

调味料

食盐5克

制作方法

1. 将鲈鱼洗净斩块；木瓜去皮、籽洗净，切方块备用。
2. 净锅上火倒入清水，调入食盐，下入鲈鱼、木瓜煲至熟即可。

五爪龙鲈鱼汤

材料

鲈鱼400克，五爪龙100克

调味料

花生油30毫升，食盐适量，味精、胡椒粉各3克，香菜2克

制作方法

1. 将鲈鱼去内脏、去鳞，洗净备用；五爪龙洗净，切碎。
2. 炒锅上火倒入花生油，下入鲈鱼、五爪龙煸炒2分钟，倒入清水，调入食盐、味精、胡椒粉煲至汤呈白色，撒入香菜即可。

鱿鱼虾仁豆腐煲

材料

鱿鱼175克，虾仁100克，豆腐90克，青菜20克

调味料

食盐少许

制作方法

1. 将鱿鱼洗净切块、汆水，虾仁洗净，豆腐稍洗切块，青菜洗净备用。
2. 汤锅上火倒入清水，调入食盐，下入豆腐、虾仁、鱿鱼煮至熟，最后下入青菜稍煮即可。

三色鱿鱼汤

材料

鱿鱼350克，土豆、胡萝卜、莴笋各25克

调味料

高汤适量，食盐6克

制作方法

1. 将鱿鱼洗净，切块汆水；土豆、胡萝卜、莴笋去皮洗净，切方块备用。
2. 汤锅上火倒入高汤，下入鱿鱼、土豆、胡萝卜、莴笋，调入食盐煲至熟即可。

苦菊墨鱼汤

材料

墨鱼220克，苦菊100克

调味料

花生油10毫升，食盐5克，鸡精、葱段各3克，香油2毫升，高汤适量

制作方法

1. 将墨鱼洗净切条，苦菊洗净切段。
2. 炒锅上火倒入花生油，将葱段炝香，倒入高汤，调入食盐、鸡精，下入墨鱼、苦菊煲至熟，淋入香油即可。

红枣木瓜墨鱼汤

材料

木瓜200克，墨鱼125克，红枣3颗

调味料

食盐5克，姜丝2克

制作方法

1. 将木瓜洗净，去皮、籽切块；墨鱼杀洗净，切块汆水；红枣洗净备用。
2. 净锅上火倒入清水，调入食盐、姜丝，下入木瓜、墨鱼、红枣煲至熟即可。

双色海参汤

材料

水发海参1条，豆腐、火腿各50克

调味料

高汤适量，食盐5克，葱花3克

制作方法

1. 将水发海参洗净切片，豆腐、火腿均切片备用。
2. 净锅上火倒入高汤，调入食盐、葱花烧开，下入豆腐、火腿煮至熟，再下入海参烧开即可。

黑豆塘虱鱼煲

材料

塘虱鱼300克，黑豆150克，玉竹50克

调味料

花生油20毫升，食盐5克，味精3克，葱段、姜片各4克

制作方法

1. 将塘虱鱼洗净，剁块，汆水；黑豆、玉竹洗净备用。
2. 净锅上火倒入花生油，将葱段、姜片炝香，倒入清水，调入食盐、味精，加入塘虱鱼、黑豆、玉竹煲熟即可。

鲜虾西蓝花煲

材料

鲜虾200克，西蓝花125克，水发粉丝20克

调味料

食盐4克，香油2毫升

制作方法

1. 将鲜虾洗净，西蓝花洗净掰成小朵，水发粉丝洗净切段备用。
2. 净锅上火倒入清水，调入食盐，下入鲜虾、西蓝花、水发粉丝煲至熟，淋入香油即可。

萝卜竹笋煲河虾

材料

河虾250克，青萝卜100克，竹笋60克

调味料

花生油20毫升，食盐适量，味精3克，葱段、姜片各4克

制作方法

1. 将河虾洗净开背，竹笋处理干净切段，青萝卜去皮洗净切块。
2. 炒锅上火倒入花生油，下入葱段、姜片炒香，下入河虾煸炒1分钟，倒入清水，加入竹笋、青萝卜，最后调入食盐、味精煲至熟即可。

茼蒿虾米豆腐汤

材料

茼蒿150克，豆腐30克，虾米10克

调味料

高汤适量，食盐少许

制作方法

1. 将茼蒿洗净切段，豆腐洗净切丁，虾米洗净备用。
2. 净锅上火倒入高汤，下入豆腐、茼蒿、虾米，调入食盐煲至熟即可。

虾米茭白粉条汤

材料

茭白150克，水发虾米30克，水发粉条20克，西红柿1个

调味料

色拉油20毫升，食盐4克

制作方法

1. 将茭白洗净切小块，水发虾米洗净，水发粉条洗净切段，西红柿洗净切块备用。
2. 净锅上火倒入色拉油，下入水发虾米、茭白、西红柿煸炒，倒入清水，调入食盐，下入清水发粉条煲至熟即可。

牡蛎小白菜火腿汤

材料

牡蛎肉180克，小白菜50克，火腿20克

调味料

食盐少许

制作方法

1. 将牡蛎肉洗净，小白菜洗净切段，火腿切片备用。
2. 汤锅上火倒入清水，下入牡蛎肉、小白菜、火腿，调入食盐煲至熟即可。

家常鲍鱼汤

材料

鲍鱼2只，山药100克，红枣4颗

调味料

食盐3克，姜片2克

制作方法

1. 将鲍鱼洗净，煮熟，取肉切片；山药去皮洗净，切丝；红枣洗净备用。
2. 净锅上火倒入清水，调入食盐、姜片烧开，下入山药、红枣煲4分钟，下入鲍鱼片即可。

鲍鱼鸡肉汤

材料

活鲍鱼2只，鸡脯肉100克，上海青10克

调味料

高汤适量，食盐3克，葱油5毫升

制作方法

1. 将活鲍鱼刷洗净，鸡脯肉洗净切片，上海青洗净备用。
2. 汤锅上火倒入高汤，调入食盐，下入鸡脯肉烧开7分钟，再下入活鲍鱼、上海青煮至熟，淋入葱油即可。

蛤蜊煲羊排

材料

蛤蜊175克，羊排100克，豆腐30克

调味料

食盐少许，胡椒粉3克

制作方法

1. 将蛤蜊洗净；羊排洗净斩块，汆水；豆腐稍洗，切块备用。
2. 净锅上火倒入清水，调入食盐，下入羊排煲至快熟时，下入豆腐、蛤蜊煲至熟，调入胡椒粉即可。

玉米蛤蜊菠菜汤

材料

蛤蜊200克，熟玉米棒半根，菠菜50克

调味料

食盐少许，香油2毫升

制作方法

1. 将蛤蜊洗净；熟玉米棒切小块；菠菜洗净切段，焯水备用。
2. 汤锅上火倒入清水，下入熟玉米棒、蛤蜊、菠菜，调入食盐煮至熟，淋入香油即可。

原汁海蛏汤

材料

海蛏肉250克

调味料

食盐5克，香菜段2克，香油3毫升

制作方法

1. 将海蛏肉洗净备用。
2. 净锅上火倒入清水，加入食盐，下入海蛏肉煲至熟，撒入香菜段，淋入香油即可。

茯苓甲鱼汤

材料

甲鱼400克，茯苓10克

调味料

食盐6克，姜片3克

制作方法

❶ 将甲鱼洗净斩块，汆水；茯苓洗净浸泡备用。

❷ 汤锅上火倒入清水，调入食盐、姜片，下入甲鱼、茯苓煲至熟即可。

西洋参水蛇煲

材料

水蛇120克，西洋参30克

调味料

食盐6克，清汤适量，香菜末2克

制作方法

❶ 将水蛇洗净，斩块汆水；西洋参用温水浸泡，洗净待用。

❷ 汤锅上火加入清汤，调入食盐，加入水蛇、西洋参煲至熟，撒入香菜末即可。

芦笋水蛇汤

材料

水蛇300克，芦笋120克

调味料

色拉油20毫升，食盐5克，鸡精4克，姜片3克，清汤适量

制作方法

❶ 将水蛇洗净斜刀切片，芦笋洗净切片待用。

❷ 净锅上火倒入色拉油，将姜片爆香，加入清汤，下入水蛇、芦笋，加入食盐、鸡精煲至熟即可。

山药肉片蛤蜊汤

材料

蛤蜊120克，山药45克，猪瘦肉30克

调味料

食盐3克，香菜末5克，香油2毫升

制作方法

1. 将蛤蜊洗净，山药去皮洗净切片，猪瘦肉洗净切片备用。
2. 净锅上火倒入清水，调入食盐，下入肉片烧开，撇去浮沫，下入山药煮8分钟，再下入蛤蜊煲至熟，撒入香菜末，淋入香油即可。

蛤蜊乳鸽汤

材料

蛤蜊100克，乳鸽400克，黄花菜50克

调味料

花生油15毫升，食盐少许，葱段、姜片各3克，香菜2克

制作方法

1. 将蛤蜊洗净，乳鸽洗净斩块，黄花菜洗净备用。
2. 净锅上火倒入花生油，将葱段、姜片爆香，下入黄花菜煸炒，倒入清水，下入乳鸽块、蛤蜊，调入食盐煲至熟，撒入香菜即可。

烤鸭海鲜煲

材料

蛤蜊250克，烤鸭肉150克，黄豆芽30克，胡萝卜12克

调味料

食盐5克，葱段、姜片各2克

制作方法

1. 将蛤蜊洗净，烤鸭肉斩块，黄豆芽洗净，胡萝卜去皮洗净切小块备用。
2. 锅上火倒入清水，调入食盐、葱段、姜片，下入烤鸭肉、黄豆芽、胡萝卜，煲至快熟时，下入蛤蜊煮至熟即可。

鲜奶红枣水蛇汤

材料

水蛇210克，红枣50克，鲜牛奶适量，香菜50克

调味料

高汤适量，食盐4克

制作方法

1. 将水蛇洗净切片，香菜洗净切段。
2. 汤锅上火倒入高汤，下入水蛇、香菜，调入食盐煲至熟即可。

薏米煲牛蛙

材料

牛蛙200克，薏米15克

调味料

食盐少许

制作方法

1. 将牛蛙洗净斩块汆水，薏米洗净浸泡备用。
2. 汤锅上火倒入清水，调入食盐，下入牛蛙、薏米煲至熟即可。

人参牛蛙汤

材料

牛蛙1只，红枣6颗，枸杞3克，人参1支

调味料

清汤适量，食盐6克

制作方法

1. 将牛蛙洗净斩块、汆水，红枣、枸杞洗净，人参稍洗备用。
2. 净锅上火倒入清汤，调入食盐，下入牛蛙、红枣、人参、枸杞煲至熟即可。

PART3

鲜香美味养生粥

粥鲜香味美，其养生和食疗作用受到人们的重视，已经从最初单纯的填饱肚子发展为防病的手段之一。随着社会的进步和发展，粥已成为一种保健食品，对于预防疾病、增强体质以及防止衰老、延年益寿起到了药物所达不到的作用。

经典粥

一般人都可食用，尤其适合女性食用。

胡萝卜玉米粥

功效 排毒瘦身

食用禁忌 消化功能不佳者不宜多吃。

中医认为，玉米性平，味甘，有调中开胃、健脾、除湿、利尿、降压、促进胆汁分泌、增加血中凝血酶和加速血液凝固等作用，主治腹泻、消化不良、水肿等症。玉米含有钙、谷胱甘肽、镁、硒、胡萝卜素、植物纤维素、维生素E和脂肪酸等营养物质：丰富的钙可起到降血压的功效；胡萝卜素被人体吸收后能转化为维生素A，具有防癌作用；植物纤维素能加速致癌物质和其他有毒物质的排出；天然维生素E则有促进细胞分裂、延缓衰老、降低血清胆固醇含量、防止皮肤病变的功能。

烹饪提示：由于煮玉米粥时水分蒸发较少，因此熬煮玉米粥时注意不要太稠，以免糊锅。

材料

木瓜、胡萝卜、玉米粒各20克，大米90克

调味料

食盐2克，葱少许

详细做法

1. 大米泡发洗净；木瓜、胡萝卜去皮洗净，切成小丁；玉米粒洗净；葱洗净，切花。
2. 汤置火上，放入清水与大米，用大火煮至米粒开花。
3. 再放入木瓜、胡萝卜、玉米粒煮至粥浓稠，调入食盐入味，撒上葱花即可。

常识链接

如何选购玉米

1.看玉米的颗粒。

玉米要挑选苞大、籽粒饱满、排列紧密的，这样的玉米成熟得比较好，营养也更丰富，口感也更好。

2.用手捏。

选购玉米时用手捏捏，以软硬适中的玉米为上乘。

3.仔细辨别。

要选无虫眼的玉米。有些成熟得好又非常鲜嫩的玉米往往很容易有虫眼，选购的时候应仔细辨别。有虫眼的玉米口感不好，而且营养已被破坏，吃起来心情也会跟着大打折扣。

一般人都可食用，尤其适合孕产妇食用。

红枣桂圆粥

功效 增强免疫

食用禁忌 有上火发炎症状者忌食桂圆。

桂圆含有蛋白质、脂肪、膳食纤维、碳水化合物、有机酸、B族维生素、维生素C、胡萝卜素、尼克酸以及多种矿物质营养成分，是珍贵的滋养强化剂。在这些营养成分中，比较突出的就是蛋白质含量，超过红枣、蜜枣、柿饼、葡萄干、杏干等干果。

桂圆性温，味甘，入心、脾二经，有补血安神、健脑益智、补养心脾的功效，常用于治疗虚痨羸弱、失眠健忘、惊悸等症。妇女更年期是妇科肿瘤多发的阶段，此时适当吃些桂圆有利健康；桂圆有补益作用，对病后需要调养及体质虚弱的人有辅助疗效，能降低血脂，增加冠状动脉的血流量，且有一定的抑菌和抗癌活性。

烹饪提示： 红枣和桂圆肉一定要煮烂，否则此粥的口感不佳。

材料

大米100克，桂圆肉、红枣各20克

调味料

红糖10克，葱花少许

详细做法

1. 大米淘洗干净，放入清水中浸泡；桂圆肉、红枣洗净备用。
2. 汤锅置于火上，注入清水，放入大米，煮至粥将成。
3. 放入桂圆肉、红枣煨煮至酥烂，加红糖调匀，撒入葱花即可。

如何挑选桂圆肉

常识链接

1.看。

如果是选购带壳桂圆，就要挑选颗粒较大、壳色黄褐、壳面光洁，且薄而脆的桂圆，而颗粒较小、壳面粗糙不平的较次；如果是选购桂圆肉，就应该挑选颜色棕黄或褐黄的、闻起来无异味的桂圆肉。

2.摇。

肉肥厚的桂圆，其肉与壳之间的空隙小，摇动时不响，如摇动时作响，则果肉较为瘦小。如果是去壳桂圆肉，肉质肥厚，捏起来干爽、柔软的较好。

3.尝。

桂圆以质脆柔糯、味浓而甜的为佳，而肉质干瘪、甜味淡的为次。

如何保存桂圆肉

桂圆肉是新鲜龙眼肉晒干或烘焙而成，如想较长时间保存而不坏，首先购买的时候就要尽量挑选干爽的成品。购买回来之后，应该放入密封性能好的保鲜盒、保鲜袋里，存放在阴凉通风处，必要的时候可放入冰箱冷藏保存。

一般人都可食用，尤其适合老年人食用。

萝卜干肉末粥

功效 降低血糖
食用禁忌 脾胃虚寒者不宜多食。

萝卜含有能诱导人体自身产生干扰素的多种微量元素。白萝卜富含维生素C，而维生素C为抗氧化剂，能抑制黑色素合成，阻止脂肪氧化，防止脂肪沉积。另外，白萝卜中含有大量的植物蛋白、维生素A和叶酸，食入人体后可洁净血液和皮肤，同时还能降低胆固醇含量，有利于维持血管的弹性。

白萝卜热量少，纤维素多，吃后易产生饱胀感，因而有助于减肥。

烹饪提示： 煲此粥一定要注意火候，要用小火将粥熬至浓稠。这样，煮出来的粥才更好吃。

材料

萝卜干60克，猪瘦肉100克，大米60克

调味料

食盐3克，味精1克，姜末5克，葱花少许

详细做法

1. 萝卜干洗净，切段；猪瘦肉洗净，剁粒；大米洗净。
2. 锅中注水，放入大米、萝卜干烧开，改中火，下入姜末、猪瘦肉粒，煮至肉熟。
3. 改小火熬至粥浓稠，调入食盐、味精调味，撒上葱花即可。

常识链接

萝卜的饮食禁忌

萝卜不宜与水果一起吃。生萝卜与人参、西洋参药性相克，不可同食，以免药效相反，起不到补益作用。

如何选购萝卜干

以干燥、不黏腻、色泽均一、不加人工甘味剂的萝卜干为佳。

如何制作萝卜干

白萝卜洗净，切成长约15厘米、宽约4厘米、最厚处约3厘米的三角形条块状，放在竹箩上铺开，或用棉线一条条串起来，挂在竹竿上，在日光下晾晒成干条，水分越少越好。将晒干的白萝卜放在竹箩里，撒上食盐用力揉搓，待萝卜干里剩余的水分外溢时，再均匀地撒上红辣椒粉用力搓制，之后装进坛子或缸内，倒入白酒加盖密封。腌制时间约20天，待其有较浓的香味溢出时即可取出。

一般人都可食用，尤其适合女性食用。

生姜猪肚粥

功效 降低血压
食用禁忌 湿热痰滞者忌食。

猪肚的营养成分为蛋白质、碳水化合物、脂肪、钙、磷、铁、维生素B2、烟碱酸等。其不仅可以作为食物食用，而且有很好的药用价值。

猪肚味甘，性微温、无毒，入脾、胃经，有补虚损、健脾胃的功效，多用于脾虚腹泻、虚劳瘦弱、消渴、小儿疳积、尿频或遗尿。根据清代食医王孟英的经验，怀孕妇女若胎气不足，或屡患半产，以及娩后虚羸者，用猪肚煨煮烂熟如糜，频频服食，最为适宜。

烹饪提示： 煲此粥时一定要用小火慢熬，这样煮出来的猪肚粥才更好吃，更有营养。

材料

猪肚120克，大米80克，生姜30克

调味料

食盐3克，味精2克，料酒5毫升，葱花、香油适量

详细做法

1. 生姜洗净，去皮，切末；大米淘净，浸泡半小时；猪肚洗净，切条，用食盐、料酒腌制。
2. 锅中注水，放入大米，旺火烧沸，下入腌好的猪肚、姜末，中火熬至米粒开花。
3. 改小火熬至粥浓稠，加入食盐、味精调味，滴入香油，撒上葱花即可。

常识链接

如何选购猪肚

新鲜猪肚呈白色，略带浅黄，质地坚挺厚实，有光泽，手摸劲挺黏液多，肚内无块和硬粒，弹性较足。

巧洗猪肚

猪肚的清洗很不容易，一般人都使用食盐擦洗猪肚，但效果并不是特别好。如果在清洗过程中再用一些醋，那么效果会更好。因为通过食盐醋的作用，可把肚中的脏气味除去一部分，还可以去掉表皮的黏液。清洗后的猪肚要放入冷水中用刀刮去肚尖老茧。

一定要注意，洗肚时不能用碱，因为碱具有较强的腐蚀性，在使表面黏液脱落的同时也使肚壁的蛋白质受到破坏，降低肚的营养价值。

一般人都可食用，尤其适合女性食用。

鸡蛋红枣醪糟粥

功效 排毒瘦身

食用禁忌 在服用维生素K的人不宜食用。

中医认为，鸡蛋有清热、解毒、消炎、保护黏膜的作用，可用于治疗食物及药物中毒、咽喉肿痛、失音、慢性中耳炎等疾病。

鸡蛋含有丰富的蛋白质、脂肪，其中蛋白质为优质蛋白，对肝脏组织损伤有修复作用；富含DHA、卵磷脂和卵黄素，对神经系统和身体发育有利，能健脑益智，改善记忆力，并促进肝细胞再生；含有较多的B族维生素和其他微量元素，可以分解和氧化人体内的致癌物质，具有防癌作用。

烹饪提示: 鸡蛋煮熟之后要切碎，等粥彻底好之前放入粥中即可。

材料

醪糟、大米各20克，鸡蛋1个，红枣5颗

调味料

白糖5克

详细做法

1. 大米洗净；鸡蛋煮熟切碎；红枣洗净。
2. 锅置火上，注入清水，放入大米、醪糟煮至七成熟。
3. 放入红枣，煮至米粒开花；放入鸡蛋，加入白糖调匀即可。

常识链接

如何选购鸡蛋

1.用日光透射。

左手握成圆形，右手将蛋放在圆形末端，对着日光透射，新鲜的鸡蛋呈微红色，半透明状态，蛋黄轮廓清晰。如果昏暗不透明或有污斑，说明鸡蛋已经变质。

2.观察蛋壳。

蛋壳上附着一层霜状粉末，蛋壳颜色鲜明，气孔明显的是鲜蛋。陈蛋正好与此相反，并有油腻。

3.用手轻摇。

无声的是鲜蛋，有水声的是陈蛋。

4.用冷水试。

如果蛋平躺在冷水里，说明很新鲜；如果它倾斜在水中，至少已存放3～5天了；如果它笔直直立在水中，可能存放10天之久；如果它浮在水面上，这种蛋有可能已经变质，不建议购买。

一般人都可食用，尤其适合老年人食用。

虾仁干贝粥

功效 降低血脂
食用禁忌 阴虚火旺者慎食。

干贝富含蛋白质，蛋白质含量高达61.8%；矿物质的含量远在鱼翅、燕窝之上；含有丰富的谷氨酸钠，味道极鲜，与新鲜扇贝相比，腥味大减；富含多种氨基酸，如氨基乙酸、丙氨酸和谷氨酸；含有丰富的核酸，例如次黄苷酸；含氨基酸的副产品，例如牛黄磷酸。干贝的营养价值如此之高，不愧为能和鲍鱼、海参媲美的优质食材。

烹饪提示：虾仁要先用水泡一会儿，以泡去其腥味。虾仁倒入锅中之后要慢慢搅拌一会儿。

材料

大米100克，虾仁、干贝各20克

调味料

食盐3克，香菜、葱花、老抽各适量

详细做法

1. 大米洗净；虾仁洗净，用食盐、老抽稍腌渍；干贝泡发后撕成细丝；香菜洗净，切段。
2. 锅置火上，放入大米，加适量清水煮至五成熟。
3. 放入虾仁、干贝煮至米粒开花，加入食盐、老抽调匀，撒上葱花、香菜即可。

常识链接

如何挑选干贝

优质新鲜的干贝呈淡黄色，如小孩拳头般大小，粒小者次之，颜色发黑者更次之。选购干贝时，首先要选择颜色鲜黄、有白霜的干贝，不能转黑或转白。其次要选择形状尽量完整、呈短圆柱形、坚实饱满、肉质干硬的干贝，但是不要有不完整的裂缝。

干贝的泡发

（1）将干贝上的老筋剥去，洗去泥沙，放入容器中，加入料酒、姜片、葱段、高汤，上屉蒸2～3小时，能展成丝状即为发好，用原汤浸泡待用。

（2）用温水浸泡胀发，或用少量清水加黄酒、姜、葱隔水蒸软。

一般人都可食用，尤其适合男性食用

花生鱼粥

功效 提神健脑

食用禁忌 易生热而生疮疡者应慎食

花生中的钙含量极高，钙是构成人体骨骼的主要成分，多吃花生可以促进人体的生长发育；花生中含有十多种人体所需的氨基酸，其中赖氨酸可提高儿童智力，防止过早衰老，谷氨酸和天门冬氨酸可促使细胞发育和增强大脑的记忆能力；花生中所含有的儿茶素对人体具有很强的抗老化作用。此外，花生中含有丰富的脂肪油，可以起到润肺止咳的作用。

烹饪提示：煲此粥一定要注意火候，要先用大火将粥煮沸，然后再用小火慢慢熬至稠。

材料

鱼肉50克，花生少许，猪瘦肉20克，大米80克

调味料

食盐3克，味精2克，香菜末、葱花、姜末、香油各适量

详细做法

1. 大米淘洗干净，放入清水中浸泡30分钟；鱼肉切片，抹上食盐略腌渍；瘦肉洗净切末；花生洗净，泡发。
2. 锅置火上，注入清水，放入大米、花生煮至五成熟。
3. 再放入鱼肉、猪瘦肉、姜末煮至粥将成，加入食盐、味精、香油调匀，撒上香菜末、葱花便可。

常识链接

如何选购优质的花生

1.从色泽上鉴别。

优质花生果荚呈土黄色或白色，果仁呈各不同品种所特有的颜色，色泽分布均匀一致。一般的花生果荚颜色灰暗，果仁颜色变深。劣质花生果荚灰暗或暗黑，果仁呈紫红色、棕褐色或黑褐色。

2.从形态上鉴别。

优质花生的果类和果仁均颗粒饱满、形态完整、大小均匀，果仁的子叶肥厚而有光泽、无杂质。一般的花生颗粒不饱满、大小不均匀或有未成熟颗粒（体积小于正常完善粒的1/2，或重量小于正常完善粒的1/2），另外还有破碎颗粒、虫蚀颗粒、生芽颗粒等。劣质花生不仅发霉，严重虫蚀，而且有大量变软、色泽变暗的颗粒。

3.从气味上鉴别。

优质花生具有花生特有的气味，一般花生其特有的气味平淡或略有异味，劣质花生有霉味、哈喇味等不良气味。

一般人都可食用，尤其适合男性食用。

美味蟹肉粥

功效 保肝护肾

食用禁忌 肠胃病、胆结石、胆囊炎、肝炎患者忌食。

螃蟹含有丰富的蛋白质及维生素A、维生素E、硫胺素、核黄素及微量元素，吃了对身体有益。中医认为螃蟹有清热解毒、补骨添髓、养筋活血、通经络、利肢节、续绝伤、滋肝阴、充胃液之功效，对于淤血、损伤、黄疸、腰腿酸痛和风湿性关节炎等疾病有一定的食疗效果。

烹饪提示：煲粥时一定要将蟹肉煮熟透，否则会引起腹泻。

材料

鲜湖蟹1只，大米100克

调味料

食盐3克，味精2克，姜末、白醋、老抽、葱花少许

详细做法

1. 大米淘洗干净；鲜湖蟹洗净后蒸熟。
2. 锅置火上，放入大米，加入适量清水煮至八成熟。
3. 放入湖蟹、姜末煮至米粒开花，加入食盐、味精、老抽、白醋调匀，撒上葱花即可。

常识链接

螃蟹的清洗技巧

螃蟹的污物较多，用一般方法不易彻底清除，因此清洗技巧很重要。先将螃蟹浸泡在淡食盐水中使其吐净污物，然后用手捏住其背壳，使其悬空接近盆边，使其双螯恰好能夹住盆边，用刷子刷净其全身，再捏住蟹壳，扳住双螯，将蟹脐翻开，由脐根部向脐尖处挤压脐盖中央的黑线，将粪挤出，最后用清水冲净即可。

怎样判断螃蟹是否熟透

螃蟹体内汇集着较多的病菌和微生物，在烹制时一定要蒸熟蒸透。螃蟹彻底煮熟的标志是蟹黄已经呈红黄色，这样就表明螃蟹可以食用了。

柿子与螃蟹同食易中毒

螃蟹体内含有丰富的蛋白质，与柿子的鞣质相结合容易沉淀，凝固成不易消化的物质。因鞣质具有收敛作用，能抑制消化液的分泌，从而致使凝固物质滞留在肠道内发酵，使食用者出现呕吐、腹胀、腹泻等食物中毒现象。

一般人都可食用，尤其适合老年人食用。

红枣首乌芝麻粥

功效 保肝护肾

食用禁忌 便溏腹泻者不宜多食。

红枣味甘，性温，归脾胃经，有补中益气、养血安神、缓和药性的功能。而现代的药理学则发现，红枣含有蛋白质、脂肪、糖类、有机酸、维生素A、维生素C、微量钙、多种氨基酸等丰富的营养成分，能提高人体免疫力，促进白细胞的生成，降低血清胆固醇含量，提高血清白蛋白含量，保护肝脏。另外，红枣中还含有抑制癌细胞、甚至可使癌细胞向正常细胞转化的物质。

烹饪提示：红枣要先用清水泡发，等粥快好时再放入红枣，这样煮出来的粥才不会有苦味。

材料

红枣20克，何首乌10克，黑芝麻少许，大米100克

调味料

红糖10克

详细做法

1. 何首乌入锅，倒入一碗水熬至半碗，去渣待用；红枣去核洗净；大米泡发洗净。
2. 锅置火上，注水后，放入大米，用大火煮至米粒绽开。
3. 倒入何首乌汁，放入红枣、黑芝麻，用小火煮至粥成闻见香味，放入红糖调味即可。

常识链接

吃红枣的禁忌

月经期间，一些女性会出现眼肿或脚肿的现象，其实这是湿重的表现，这些人就不适合服食红枣。因为红枣味甜，多吃容易生痰生湿，水湿积于体内，水肿的情况就更严重。如果有腹胀的人，也不适合喝红枣水，以免生湿积滞，越喝红枣水肚子的胀风情况越无法改善。体质燥热者，也不适合在月经期间喝红枣水，这可能会造成经血过多。

不宜过量食用红枣。红枣可以经常食用，但不可过量，否则会有损消化功能，造成便秘等症。此外，红枣糖分丰富，尤其是制成零食的红枣，不适合糖尿病患者吃，以免血糖增高，使病情恶化。如果红枣吃得太多，又没有喝足够的水，会容易造成蛀牙。

如何选购优质的红枣

好的红枣皮色紫红、颗粒大而均匀、果形短壮圆整、皱纹少、痕迹浅、皮薄核小、肉质厚而细实。如果其皱纹多、痕迹深、果形凹瘪，则是肉质差和未成熟的鲜枣制成的干品。如果红枣的蒂端有穿孔或粘有咖啡色或深褐色的粉末，这说明红枣已被虫蛀了。

一般人都可食用，尤其适合女性食用。

燕麦核桃仁粥

功效 降低血压

食用禁忌 痰热喘嗽及阴虚有热者忌食。

燕麦含维生素B_1、维生素B_2、膳食纤维、钙、磷、铁、铜、锌、锰等。现代医学研究发现，燕麦含有多种酶类，即使还在干粒时也有很强的活力（其他谷物则须在发芽时才有此现象），因此，燕麦不但能抑制人体老年斑的形成，而且具有延缓人体细胞衰老的作用，是老年人心脑病患者的最佳保健食品。另外，燕麦含丰富的可溶性纤维，可促使胆酸排出体外，降低血液中胆固醇含量，减少高脂肪食物的摄取。又因可溶性纤维会吸收大量水分，容易使人有饱足感，故其也是瘦身者的极佳选择。

烹饪提示：煲此粥时，一定要将燕麦用清水泡发半小时。

材料

燕麦50克，核桃仁、玉米粒、鲜奶各适量

调味料

白糖3克

详细做法

1. 燕麦泡发洗净。
2. 锅置火上，倒入鲜奶，放入燕麦煮开。
3. 加入核桃仁、玉米粒同煮至浓稠状，调入白糖拌匀即可。

常识链接

燕麦的饮食禁忌

燕麦一次不宜吃太多，否则会造成胃胀气。

如何选购燕麦产品

最好选择颗粒都差不多大的燕麦片，这样溶解程度都会相同，不会在口感上造成不适。

不要选用透明包装的燕麦片，其容易受潮，且营养价值也会有部分遗失。最好选择锡纸包装的燕麦。

蔬果粥

蔬果粥营养独特，可以补充人体缺乏的营养素。蔬果中的维生素含量比粮食多几倍到几十倍，尤其是蔬果中的维生素C，远远胜于其他食品，而维生素C可以增强人的免疫力。蔬果中的无机盐，如钙、钾、钠等含量丰富，是人体正常生理活动所必需的物质。

白菜玉米粥

材料

大白菜30克，玉米糁90克，芝麻少许

调味料

食盐3克，味精少许

制作方法

1. 大白菜洗净，切丝；芝麻洗净。
2. 锅置火上，注入清水烧沸后，边搅拌边倒入玉米糁。再放入大白菜、芝麻，用小火煮至粥成，调入食盐、味精入味即可。

菠菜山楂粥

材料

菠菜20克，山楂20克，大米100克

调味料

冰糖5克

制作方法

1. 大米淘洗干净，用清水浸泡；菠菜洗净；山楂洗净。
2. 锅置火上，放入大米，加适量清水煮至七成熟。
3. 放入山楂煮至米粒开花，放入冰糖、菠菜少煮后调匀即可。

豆豉葱姜粥

材料

黑豆豉、葱、红辣椒、姜各适量，糙米100克

调味料

食盐3克，香油少许

制作方法

1. 糙米洗净，泡发半小时；红辣椒、葱洗净，切圈；姜洗净，切丝；黑豆豉洗净。
2. 锅置火上，注入清水后，放入糙米煮至米粒绽开，再放入黑豆豉、红辣椒圈、姜丝。
3. 用小火煮至粥成，调入食盐入味，滴入香油，撒上葱花即可食用。

豆豉枸杞叶粥

材料

大米100克，豆豉汁、鲜枸杞叶各适量

调味料

食盐3克，葱5克

制作方法

1. 大米洗净，泡发1小时后捞出沥干水分；枸杞叶洗净，切碎；葱洗净，切花。
2. 锅置火上，放入大米，倒入适量清水，煮至米粒开花，再倒入豆豉汁。待粥至浓稠时，放入枸杞叶同煮片刻，调入食盐调味，撒上葱花即可。

豆腐南瓜粥

材料

南瓜、豆腐各30克，大米100克

调味料

食盐2克，葱少许

制作方法

1. 大米泡发洗净；南瓜去皮洗净，切块；豆腐洗净，切块；葱洗净，切花。
2. 锅置火上，注入清水，放入大米、南瓜用大火煮至米粒开花。
3. 再放入豆腐，用小火煮至粥成，加入食盐调味，撒上葱花即可。

芹菜红枣粥

材料

芹菜、红枣各20克，大米100克

调味料

食盐3克，味精1克

制作方法

❶ 芹菜洗净，取梗切成小段；红枣去核洗净；大米泡发洗净。

❷ 锅置火上，注水后，放入大米、红枣，用旺火煮至米粒开花。

❸ 放入芹菜梗，改用小火煮至粥浓稠时，加入食盐、味精入味即可。

香葱冬瓜粥

材料

冬瓜40克，大米100克

调味料

食盐3块，香葱少许

制作方法

❶ 冬瓜去皮洗净，切块；香葱洗净，切花；大米泡发洗净。

❷ 锅置火上，注水后，放入大米，用旺火煮至米粒绽开。

❸ 放入冬瓜，改用小火煮至粥浓稠，调入食盐入味，撒上葱花即可。

南瓜菠菜粥

材料

南瓜、菠菜、豌豆各50克，大米90克

调味料

食盐3克，味精少许

制作方法

❶ 南瓜去皮洗净，切丁；豌豆洗净；菠菜洗净，切成小段；大米泡发洗净。

❷ 锅置火上，注入适量清水后，放入大米用大火煮至米粒绽开。再放入南瓜、豌豆，改用小火煮至粥浓稠，最后下入菠菜再煮3分钟，调入食盐、味精搅匀入味即可。

木耳枣杞粥

材料

黑木耳、红枣、枸杞各15克，糯米80克

调味料

食盐2克，葱少许

制作方法

1. 糯米洗净；黑木耳泡发洗净，切成细丝；红枣去核洗净，切块；枸杞洗净；葱洗净，切花。
2. 锅置火上，注入清水，放入糯米煮至米粒绽开，放入黑木耳、红枣、枸杞。
3. 用小火煮至粥成时，调入食盐入味，撒上葱花即可。

糯米银耳粥

材料

糯米80克，银耳50克，玉米10克

调味料

白糖5克，葱少许

制作方法

1. 银耳泡发洗净；糯米洗净，玉米洗净；葱洗净，切花。
2. 锅置火上，注入清水，放入糯米煮至米粒开花后，放入银耳、玉米。
3. 用小火煮至粥呈浓稠状时，调入白糖入味，撒上葱花即可。

茴香青菜粥

材料

大米100克，茴香5克，青菜适量

调味料

食盐、胡椒粉各2克

制作方法

1. 大米洗净，泡发半小时后捞出沥干水分；青菜洗净，切丝。
2. 锅置火上，倒入清水，放入大米，以大火煮开。
3. 加入茴香同煮至熟，再放入青菜，以小火煮至浓稠状，调入食盐、胡椒粉拌匀即可。

胡萝卜菠菜粥

材料
胡萝卜15克，菠菜20克，大米100克
调味料
食盐3克，味精1克
制作方法
1. 大米泡发洗净；菠菜洗净；胡萝卜洗净，切丁。
2. 锅置火上，注入清水后，放入大米，用大火煮至米粒绽开。
3. 放入菠菜、胡萝卜丁，改用小火煮至粥成，调入食盐、味精入味即可。

胡萝卜山药粥

材料
胡萝卜20克，山药30克，大米100克
调味料
食盐3克，味精1克
制作方法
1. 山药去皮洗净，切块；大米泡发洗净；胡萝卜洗净，切丁。
2. 锅内注水，放入大米，大火煮至米粒绽开，放入山药、胡萝卜。
3. 改用小火煮至粥成，放入食盐、味精调味即可。

胡萝卜高粱粥

材料
高粱米80克，胡萝卜30克
调味料
食盐3克，葱2克
制作方法
1. 高粱米洗净，泡发备用；胡萝卜洗净，切丁；葱洗净，切花。
2. 锅置火上，加入适量清水，放入高粱米煮至开花。
3. 再加入胡萝卜煮至粥黏稠且冒气泡，调入食盐，撒上葱花即可。

山药黑芝麻粥

材料

山药、黑芝麻各适量，小米70克

调味料

食盐2克，葱8克

制作方法

1. 小米泡发洗净；山药洗净，切丁；黑芝麻洗净；葱洗净，切花。
2. 锅置火上，倒入清水，放入小米、山药煮开。
3. 加入黑芝麻同煮至浓稠状，调入食盐拌匀，撒上葱花即可。

莲藕糯米甜粥

材料

鲜藕、花生、红枣各15克，糯米90克

调味料

白糖6克

制作方法

1. 糯米泡发洗净；莲藕洗净，切片；花生洗净；红枣去核洗净。
2. 锅置火上，注入清水，放入糯米、藕片、花生、红枣，用大火煮至米粒完全绽开。
3. 改用小火煮至粥成，加入白糖调味即可。

青豆糙米粥

材料

青豆30克，糙米80克

调味料

食盐2克

制作方法

1. 糙米泡发洗净；青豆洗净。
2. 锅置火上，倒入清水，放入糙米、青豆煮开。
3. 待煮至浓稠状时，调入食盐调味即可。

豆芽玉米粥

材料

黄豆芽、玉米粒各20克，大米100克

调味料

食盐3克，香油5毫升

制作方法

1. 玉米粒洗净；黄豆芽洗净，摘去根部；大米洗净，泡发半小时。
2. 锅置火上，倒入清水，放入大米、玉米粒用旺火煮至米粒开花。
3. 再放入黄豆芽，改用小火煮至粥成，调入食盐、香油搅匀即可。

百合桂圆薏米粥

材料

百合、桂圆肉各25克，薏米100克

调味料

白糖5克，葱花少许

制作方法

1. 薏米洗净，放入清水中浸泡；百合、桂圆肉洗净。
2. 锅置火上，放入薏米，加适量清水煮至粥将成。
3. 放入百合、桂圆肉煮至米烂，加入白糖稍煮后调匀，撒入葱花便可。

萝卜包菜酸奶粥

材料

胡萝卜、包菜各适量，酸奶10克，面粉20克，大米70克

调味料

食盐3克

制作方法

1. 大米泡发洗净；胡萝卜去皮洗净，切小块；包菜洗净，切丝。
2. 锅置火上，注入清水，放入大米，用大火煮至米粒绽开后，下入面粉不停搅匀。
3. 再放入包菜、胡萝卜，调入酸奶，改用小火煮至粥成，加入食盐调味即可。

苹果玉米粥

材料

大米100克，苹果30克，玉米粒20克

调味料

冰糖5克，葱花少许

制作方法

1. 大米淘洗干净，用清水浸泡；苹果洗净后切块；玉米粒洗净。
2. 锅置火上，放入大米，加适量清水煮至八成熟。
3. 放入苹果、玉米粒煮至米烂，放入冰糖调匀，撒上葱花即可。

苹果萝卜牛奶粥

材料

苹果、胡萝卜各25克，牛奶100毫升，大米100克

调味料

白糖5克，葱花少许

制作方法

1. 胡萝卜、苹果洗净切小块；大米淘洗干净。
2. 锅置火上，注入清水，放入大米煮至八成熟。
3. 放入胡萝卜、苹果煮至粥将成，倒入牛奶稍煮，加白糖调匀，撒入葱花即可。

枸杞木瓜粥

材料

枸杞10克，木瓜50克，糯米100克

调味料

白糖5克，葱花少许

制作方法

1. 糯米洗净，用清水浸泡；枸杞洗净；木瓜去皮切开取果肉，切成小块。
2. 锅置火上，放入糯米，加适量清水煮至八成熟。
3. 放入木瓜、枸杞煮至米烂，加白糖调匀，撒入葱花便可。

土豆芦荟粥

材料

土豆30克，芦荟10克，大米90克

调味料

食盐3克

制作方法

1. 大米洗净，泡发半小时后捞起沥水；芦荟洗净，切片；土豆去皮洗净，切小块。
2. 锅置火上，注入清水后，放入大米用大火煮至米粒绽开。
3. 放入土豆、芦荟，用小火煮至粥成，调入食盐入味，即可食用。

香菇白菜燕麦粥

材料

香菇、白菜各适量，燕麦片60克

调味料

食盐2克，葱8克

制作方法

1. 燕麦片泡发洗净；香菇洗净，切片；白菜洗净，切丝；葱洗净，切花。
2. 锅置火上，倒入清水，放入燕麦片，以大火煮开。
3. 加入香菇、白菜同煮至浓稠，调入食盐拌匀，撒上葱花即可。

香菇红豆粥

材料

大米100克，香菇、红豆、荸荠各适量

调味料

食盐2克，鸡精2克，胡椒粉适量

制作方法

1. 大米、红豆一起洗净后下入冷水中浸泡半小时后捞出沥干水分；荸荠去皮，洗净，切成小块备用；香菇泡发洗净，切丝。
2. 锅置火上，倒入适量清水，放入大米、红豆，以大火煮开。加入荸荠、香菇同煮至粥呈浓稠状，调入食盐、鸡精、胡椒粉拌匀即可。

雪里蕻红枣粥

材料

雪里蕻10克，干红枣30克，糯米100克

调味料

白糖5克

制作方法

1. 糯米淘洗干净，放入清水中浸泡；干红枣泡发后洗净；雪里蕻洗净后切丝。
2. 锅置火上，放入糯米，加适量清水煮至五成熟。
3. 放入红枣煮至米粒开花，放入雪里蕻、白糖稍煮，调匀后即可。

洋葱大蒜粥

材料

大蒜、洋葱各15克，大米90克

调味料

食盐2克，味精1克，葱、生姜各少许

制作方法

1. 大蒜去皮，洗净，切片；洋葱洗净，切丝；生姜洗净，切丝；大米洗净，泡发；葱洗净，切花。
2. 锅置火上，注入清水后，放入大米用旺火煮至米粒绽开，放入大蒜片、洋葱丝、姜丝。用文火煮至粥成，加入食盐、味精调味，撒上葱花即可。

芋头红枣蜂蜜粥

材料

芋头、红枣、玉米糁、蜂蜜各适量，大米90克

调味料

白糖5克，葱少许

制作方法

1. 大米洗净，泡发1小时备用；芋头去皮洗净，切小块；红枣去核洗净，切瓣；葱洗净，切花。
2. 锅中注水，放入大米、玉米糁、芋头、红枣，用大火煮至米粒开花。
3. 再转小火煮至粥浓稠后，调入白糖调味，撒上葱花即可。

生姜红枣粥

材料

生姜10克，红枣30克，大米100克

调味料

食盐2克，葱8克

制作方法

1. 大米泡发洗净，捞出备用；生姜去皮，洗净，切丝；红枣洗净，去核，切成小块；葱洗净，切花。
2. 锅置火上，加入适量清水，放入大米，以大火煮至米粒开花。
3. 再加入生姜、红枣同煮至浓稠，调入食盐调味，撒上葱花即可。

生姜辣椒粥

材料

生姜、红辣椒各20克，大米100克

调味料

食盐3克，葱少许

制作方法

1. 大米泡发洗净；红辣椒洗净，切圈；生姜洗净，切丝；葱洗净，切花。
2. 锅置火上，注入清水后，放入大米煮至米粒开花，放入红辣椒、姜丝。
3. 用小火煮至粥浓稠，调入食盐入味，撒上葱花即可食用。

双菇姜丝粥

材料

茶树菇、金针菇各15克，姜丝适量，大米100克

调味料

食盐2克，味精1克，香油适量，葱少许

制作方法

1. 茶树菇、金针菇泡发洗净；姜丝洗净；大米淘洗干净；葱洗净，切花。
2. 锅置火上，注入清水后，放入大米用旺火煮至米粒完全绽开。放入茶树菇、金针菇、姜丝，用文火煮至粥成，加入食盐、味精、香油调味，撒上葱花即可。

桂圆枸杞红枣粥

材料

桂圆肉、枸杞、红枣各适量，大米80克

调味料

白糖5克

制作方法

1. 大米泡发洗净；桂圆肉、枸杞、红枣均洗净，红枣去核，切成小块备用。
2. 锅置火上，倒入清水，放入大米，以大火煮开。
3. 加入桂圆肉、枸杞、红枣同煮片刻，再以小火煮至浓稠状，调入白糖搅匀入味即可。

桂圆莲芡粥

材料

桂圆肉、莲子、芡实各适量，大米100克

调味料

食盐2克，葱少许

制作方法

1. 大米洗净泡发；桂圆肉洗净；芡实、莲子洗净，挑去莲心；葱洗净，切花。
2. 锅置火上，注水后，放入大米、芡实、莲子，用大火煮至米粒开花。
3. 再放入桂圆肉，改用小火煮至粥成闻见香味时，放入食盐调味，撒上葱花即可。

桂圆胡萝卜粥

材料

桂圆肉、胡萝卜各适量，大米100克

调味料

白糖15克

制作方法

1. 大米泡发洗净；胡萝卜去皮洗净，切小块；桂圆肉洗净。
2. 锅置火上，注入清水，放入大米用大火煮至米粒绽开。
3. 放入桂圆肉、胡萝卜，改用小火煮至粥成，调入白糖即可。

肉禽蛋粥

肉禽蛋粥的营养价值很高，富含蛋白质，是小孩、中老年人、心血管疾病患者、病中病后虚弱者理想的食物，是我们健康生活和营养补充的上好选择。

鸡腿瘦肉粥

材料

鸡腿肉150克，猪瘦肉100克，大米80克

调味料

姜丝4克，食盐3克，味精2克，葱花2克，香油3毫升

制作方法

1. 猪瘦肉洗净，切片；大米淘净，泡好；鸡腿肉洗净，切小块。
2. 锅中注水，下入大米，武火煮沸，放入鸡腿肉、猪肉、姜丝，中火熬煮至米粒软散。
3. 文火将粥熬煮至浓稠，调入食盐、味精调味，淋入香油，撒入葱花即可。

瘦肉西红柿粥

材料

西红柿100克，猪瘦肉100克，大米80克

调味料

食盐3克，味精1克，葱花、香油各少许

制作方法

1. 西红柿洗净，切成小块；猪瘦肉洗净切丝；大米淘净，泡半小时。
2. 锅中放入大米，加适量清水，大火烧开，改用中火，下入猪肉，煮至肉熟。
3. 改小火，放入西红柿，慢煮成粥，调入食盐、味精调味，淋入香油，撒上葱花即可。

豌豆瘦肉粥

材料

猪瘦肉100克，豌豆30克，大米80克

调味料

食盐3克，鸡精1克，葱花、姜末、料酒、老抽、色拉油各适量

制作方法

1. 豌豆洗净；猪瘦肉洗净，剁成末；大米用清水淘净，用水浸泡半小时。
2. 大米入锅，加清水烧开，改中火，放姜末、豌豆煮至米粒开花。
3. 再放入猪肉，改小火熬至粥浓稠，调入色拉油、食盐、鸡精、料酒、老抽调味，撒上葱花即可。

紫菜豌豆肉末粥

材料

大米100克，猪瘦肉50克，紫菜20克，豌豆30克，胡萝卜30克

调味料

食盐3克，鸡精1克

制作方法

1. 紫菜泡发，洗净；猪肉洗净，剁成末；大米淘净，泡好；豌豆洗净；胡萝卜洗净，切成小丁。
2. 锅中注水，放入大米、豌豆、胡萝卜，大火烧开，下入肉末煮熟。
3. 小火将粥熬好，放入紫菜拌匀，调入食盐、鸡精调味即可。

玉米猪肉粥

材料

玉米50克，猪瘦肉100克，枸杞适量，大米80克

调味料

食盐3克，味精1克，葱少许

制作方法

1. 玉米拣尽杂质，用清水浸泡；猪瘦肉洗净，切丝；枸杞洗净；大米淘净，泡好；葱洗净，切花。
2. 锅中注水，下入大米和玉米煮开，改中火，放入猪肉、枸杞，煮至猪肉变熟。
3. 小火将粥熬化，调入食盐、味精调味，撒上葱花即可。

萝卜橄榄粥

材料

糯米100克，白萝卜、胡萝卜各50克，猪瘦肉80克，橄榄20克

调味料

食盐3克，味精1克，葱花适量

制作方法

1. 白萝卜、胡萝卜均洗净，切丁；猪瘦肉洗净，切丝；橄榄冲净；糯米淘净，用清水泡好。
2. 锅中注水，下入糯米和橄榄煮开，改中火，放入胡萝卜、白萝卜煮至粥稠冒泡。
3. 再下入猪肉熬至粥成，调入食盐、味精调味，撒上葱花即可。

黄花菜枸杞瘦肉粥

材料

干黄花菜50克，猪瘦肉100克，枸杞少许，大米80克

调味料

食盐、味精、葱花、姜末各适量

制作方法

1. 猪瘦肉洗净，切丝；干黄花菜用温水泡发，切成小段；枸杞洗净；大米淘净，浸泡半小时后捞出沥干水分。
2. 锅中注水，下入大米、枸杞，大火烧开，改中火，下入肉丝、黄花菜、姜末，煮至肉熟。文火将粥熬好，调入食盐、味精调味，撒上葱花即可。

金针菇猪肉粥

材料

大米80克，猪瘦肉100克，金针菇100克

调味料

食盐3克，味精2克，葱花4克

制作方法

1. 猪肉洗净，切丝，用食盐腌制片刻；金针菇洗净，去老根；大米淘净，浸泡半小时后捞出沥干水分。
2. 锅中注水，下入大米，旺火煮开，改中火，下入腌好的猪肉，煮至肉熟。
3. 下入金针菇，熬至粥成，调入食盐、味精调味，撒上葱花即可。

枸杞山药瘦肉粥

材料

山药120克，猪瘦肉100克，大米80克，枸杞15克

调味料

食盐3克，味精1克，葱花5克

制作方法

1. 山药洗净，去皮，切块；猪瘦肉洗净，切块；枸杞洗净；大米淘净，泡半小时。
2. 锅中注水，下入大米、山药、枸杞，大火烧开，改中火，下入猪肉，煮至肉熟。
3. 小火将粥熬好，调入食盐、味精调味，撒上葱花即可。

苦瓜西红柿瘦肉粥

材料

苦瓜80克，猪瘦肉100克，芹菜30克，大米80克，西红柿50克

调味料

食盐3克，鸡精1克

制作方法

1. 苦瓜洗净，去瓤，切片；猪瘦肉洗净，切块；芹菜洗净，切段；西红柿洗净，切小块；大米淘净。
2. 锅中注水，放入大米以旺火煮开，加入猪肉、苦瓜，煮至肉熟。
3. 改小火，放入西红柿和芹菜，待大米熬至浓稠时，放入食盐、鸡精调味即可。

白菜紫菜瘦肉粥

材料

白菜心30克，紫菜20克，猪瘦肉80克，虾米30克，大米150克

调味料

食盐3克，味精1克

制作方法

1. 猪瘦肉洗净，切丝；白菜心洗净，切丝；紫菜泡发，洗净；虾米洗净；大米淘净，泡好。
2. 锅中注水，大米入锅，旺火煮开，改中火，下入猪肉、虾米，煮至虾米变红。
3. 改小火，放入白菜心、紫菜，慢熬成粥，调入食盐、味精调味即可。

鸡蛋瘦肉粥

材料

玉米糁80克，猪瘦肉100克，鸡蛋1个

调味料

食盐3克，鸡精1克，料酒6毫升，葱花少许

制作方法

1. 猪瘦肉洗净，切片，用料酒、食盐腌渍片刻；玉米糁淘净，浸泡6小时备用；鸡蛋打入碗中搅匀。
2. 锅中加入清水，放入玉米糁，大火煮开，改中火煮至粥将成时，下入猪肉，煮至肉熟。
3. 再淋入蛋液，加入食盐、鸡精调味，撒上葱花即可。

薏米冬瓜瘦肉粥

材料

薏米80克，猪瘦肉、冬瓜各适量

调味料

食盐2克，料酒5毫升，葱8克

制作方法

1. 薏米泡发洗净；冬瓜去皮洗净，切丁；猪瘦肉洗净，切丝；葱洗净，切花。
2. 锅置火上，倒入清水，放入薏米，以大火煮至开花。
3. 再加入冬瓜煮至浓稠状，下入猪肉丝煮熟后，调入食盐、料酒拌匀，撒上葱花即可。

鸡蛋玉米瘦肉粥

材料

大米80克，玉米粒20克，鸡蛋1个，猪瘦肉20克

调味料

食盐3克，香油、胡椒粉、葱花各适量

制作方法

1. 大米洗净，用清水浸泡；猪瘦肉洗净切片；鸡蛋煮熟切碎。
2. 锅置火上，注入清水，放入大米、玉米粒煮至七成熟。
3. 再放入猪瘦肉煮至粥成，放入鸡蛋，加入食盐、香油、胡椒粉调味，撒上葱花即可。

肉丸香粥

材料

猪肉丸子120克，大米80克

调味料

葱花3克，姜末5克，食盐3克，味精适量

制作方法

1. 大米淘净，泡半小时；猪肉丸子洗净，切成小块。
2. 锅中注水，下入大米，大火烧开，改中火，放入猪肉丸子、姜末，煮至肉丸变熟。
3. 改小火，将粥熬好，加入食盐、味精调味，撒上葱花即可。

生菜肉丸粥

材料

生菜30克，猪肉丸子80克，香菇50克，大米适量

调味料

姜末、葱花、食盐、鸡精、胡椒粉各适量

制作方法

1. 生菜洗净，切丝；香菇洗净，对切；大米淘净，泡好；猪肉丸子洗净，切小块。
2. 锅中注适量清水，下入大米大火烧开，放入香菇、猪肉丸子、姜末，煮至肉丸变熟。
3. 改小火，放入生菜，待粥熬好，加入食盐、鸡精、胡椒粉调味，撒上葱花即可。

玉米火腿粥

材料

玉米粒30克，火腿100克，大米50克

调味料

葱、姜各3克，食盐2克，胡椒粉3克

制作方法

1. 火腿去皮，洗净，切丁；玉米粒拣尽杂质，淘净，浸泡1小时；大米淘净，用冷水浸泡半小时后，捞出沥干水分。
2. 大米下锅，加适量清水，大火煮沸，下入火腿、玉米粒、姜丝，转中火熬煮至米粒开花。改小火，熬至粥浓稠，调入食盐、胡椒粉调味，撒上葱花即可。

菜干猪骨粥

材料

菜干30克，猪骨500克，蚝豉50克，大米80克

调味料

葱花3克，姜末2克，食盐2克，味精适量

制作方法

1. 大米淘净，泡好；猪骨洗净，斩件，入沸水中汆烫，捞出；菜干泡发洗净，切碎；蚝豉泡发，洗净。
2. 猪骨下入高压锅中，加入清水、食盐、姜末压煮，待汤浓稠时，倒入砂锅中，下入大米，改中火熬煮。转小火，加入菜干、蚝豉，熬煮成粥，调入食盐、味精调味，撒上葱花即可。

猪骨稠粥

材料

猪骨500克，大米80克

调味料

食盐3克，味精2克，葱花5克，姜末适量

制作方法

1. 大米淘净，泡半小时；猪骨洗净，斩件，入沸水中汆烫，捞出。
2. 猪骨入高压锅，加清水、食盐、姜末压煮，倒入锅中烧开，下入大米，改中火熬煮。
3. 转小火，熬化成粥，调入食盐、味精调味，撒上葱花即可。

青豆猪肝粥

材料

猪肝100克，青豆60克，大米80克，枸杞20克

调味料

食盐3克，鸡精1克，葱花、香油各少许

制作方法

1. 青豆去壳，洗净；猪肝洗净，切片；大米淘净，泡好；枸杞洗净。
2. 大米入锅，加入清水，旺火烧沸，下入青豆、枸杞，转中火熬至米粒开花。
3. 下入猪肝，慢熬成粥，调入食盐、鸡精调味，淋入香油，撒上葱花即可。

萝卜猪肚粥

材料

猪肚100克，白萝卜110克，大米80克

调味料

葱花、姜末、香醋、胡椒粉、味精、食盐、料酒、香油各适量

制作方法

1. 白萝卜洗净，去皮，切块；大米淘净，浸泡半小时；猪肚洗净，切条，用食盐、料酒腌渍。
2. 锅中注水，放入大米，旺火烧沸，下入腌好的猪肚、姜末，滴入精醋，转中火熬煮。
3. 下入白萝卜，慢熬成粥，再加入食盐、味精、胡椒粉调味，淋入香油，撒上葱花即可。

槟榔猪肚粥

材料

白术10克，槟榔10克，猪肚80克，大米120克

调味料

食盐3克，鸡精1克，姜末8克，葱花少许

制作方法

1. 大米淘净，浸泡半小时至发透；猪肚洗净，切成长条；白术、槟榔洗净。
2. 锅中注水，放入大米，旺火烧沸，下入猪肚、白术、槟榔、姜末，转中火熬煮。
3. 待粥成，加入食盐、鸡精调味，撒上葱花即可。

南瓜猪肝粥

材料

猪肝100克，南瓜100克，大米80克

调味料

葱花、料酒、食盐、味精、香油各适量

制作方法

1. 南瓜洗净，去皮，切块；猪肝洗净，切片；大米淘净，泡好。
2. 锅中注水，下入大米，用旺火烧开，下入南瓜，转中火熬煮。
3. 待粥快熟时，下入猪肝，加入食盐、料酒、味精，等猪肝熟透，淋入香油，撒上葱花即可。

陈皮猪肚粥

材料

陈皮20克，猪肚100克，黄芪30克，大米80克

调味料

食盐3克，鸡精1克，葱花适量

制作方法

1. 猪肚洗净，切成长条；大米淘净，浸泡半小时后，捞出沥干；黄芪、陈皮洗净，均切碎。
2. 锅中注水，下入大米，大火烧开，放入猪肚、陈皮、黄芪，转中火熬煮。待米粒开花，小火熬煮至粥浓稠，加入食盐、鸡精调味，撒上葱花即可。

南瓜猪肚粥

材料

糯米100克，猪肚80克，南瓜50克

调味料

食盐3克，料酒2毫升，鸡精2克，胡椒粉3克，葱花适量

制作方法

1. 南瓜洗净，去皮，切块；糯米淘净，泡3小时；猪肚洗净，切条，用食盐、料酒腌渍。
2. 大米入锅注水，旺火烧沸，下入猪肚、姜末、南瓜，转中火熬煮。
3. 转小火，待粥黏稠时，加入食盐、鸡精、胡椒粉调味，撒上葱花即可。

板栗花生猪腰粥

材料

猪腰50克，板栗45克，花生米30克，糯米80克

调味料

食盐3克，鸡精1克，葱花少许

制作方法

1. 糯米淘净，浸泡3小时；花生米洗净；板栗去壳、去皮；猪腰洗净，剖开，除去腰臊，打上花刀，再切成薄片。
2. 锅中注水，放入糯米、板栗、花生米旺火煮沸。
3. 待米粒开花，放入腌好的猪腰，慢火熬至猪腰变熟，加入食盐、鸡精调味，撒入葱花即可。

香菇猪腰粥

材料

大米80克，猪腰100克，香菇50克

调味料

食盐3克，鸡精1克，葱花少许

制作方法

1. 香菇洗净，对切；猪腰洗净，去腰臊，切上花刀；大米淘净，浸泡半小时后捞出沥干水分。
2. 锅中注水，放入大米以旺火煮沸，再下入香菇熬至将成。
3. 下入猪腰，待猪腰变熟，调入食盐、鸡精搅匀，撒上葱花即可。

青豆猪肺粥

材料

猪肺45克，青豆30克，胡萝卜适量，大米80克

调味料

姜丝5克，食盐3克，鸡精2克，香油5毫升

制作方法

1. 胡萝卜洗净，切丁；猪肺洗净，切块，入沸水中氽烫后，捞出；大米淘净，浸泡半小时。
2. 锅中注水，下入大米，旺火煮沸，下入青豆、胡萝卜、姜丝，改中火煮至米粒开花。再下入猪肺，转小火焖煮，熬煮成粥，加入食盐、鸡精调味，淋入香油即可。

猪脑粥

材料

猪脑120克，大米80克

调味料

葱花5克，姜末3克，料酒4毫升，食盐3克，味精2克

制作方法

1. 大米淘净，用冷水浸泡半小时后，捞出沥干水分；猪脑用清水浸泡，洗净。将猪脑装入碗中，加入姜末、料酒，入锅中蒸熟。
2. 锅中注水，下入大米，倒入蒸猪脑的原汤，熬至粥将成时，下入猪脑，再煮5分钟，待香味逸出，加入食盐、味精调味，撒上葱花即可。

腐竹猪血粥

材料

猪血100克，腐竹30克，干贝10克，大米120克

调味料

食盐3克，葱花8克，胡椒粉3克

制作方法

1. 腐竹、干贝温水泡发，腐竹切条，干贝撕碎；猪血洗净，切块；大米淘净，浸泡半小时。
2. 锅中注水，放入大米，旺火煮沸，下入干贝，再以中火熬煮至米粒开花。
3. 转小火，放入猪血、腐竹，待粥熬至浓稠，加入食盐、胡椒粉调味，撒上葱花即可。

枸杞莲子牛肉粥

材料

牛肉100克，枸杞30克，莲子50克，大米80克

调味料

食盐3克，鸡精2克，葱花适量

制作方法

❶ 牛肉洗净，切片；莲子洗净，浸泡后，挑去莲心；枸杞洗净；大米淘净，泡半小时。

❷ 大米入锅，加适量清水，旺火烧沸，下入枸杞、莲子，转中火熬煮至米粒开花。

❸ 放入牛肉片，用慢火将粥熬出香味，加入食盐、鸡精调味，撒上葱花即可。

三蔬牛筋粥

材料

水发牛蹄筋100克，糯米150克，胡萝卜30克，玉米粒、豌豆各20克

调味料

食盐3克，味精1克

制作方法

❶ 胡萝卜洗净，切丁；糯米淘净，浸泡1小时；玉米粒、豌豆洗净；牛蹄筋洗净，入锅炖好，切条。

❷ 糯米放入锅中，加入适量清水，以旺火烧沸，下入牛蹄筋、玉米粒、豌豆、胡萝卜，转中火熬煮。改小火，熬煮至粥稠且冒出气泡，调入食盐、味精调味即可。

生姜羊肉粥

材料

羊肉100克，生姜10克，大米80克

调味料

葱花3克，食盐2克，鸡精1克，胡椒粉适量

制作方法

1. 生姜洗净，去皮，切丝；羊肉洗净，切片；大米淘净备用。
2. 大米入锅，加入适量清水，旺火煮沸，下入羊肉、姜丝，转中火熬煮至米粒开花。
3. 改小火，待粥熬出香味，调入食盐、鸡精、胡椒粉调味，撒入葱花即可。

红枣羊肉糯米粥

材料

红枣25克，羊肉50克，糯米150克

调味料

姜末5克，葱白3克，食盐2克，味精2克，葱花适量

制作方法

1. 红枣洗净，去核备用；羊肉洗净，切片，用开水汆烫，捞出；糯米淘净，泡好。
2. 锅中注适量清水，下入糯米大火煮开，下入羊肉、红枣、姜末，转中火熬煮。改小火，下入葱白，待粥熬出香味，加入食盐、味精调味，撒入葱花即可。

香菇干贝鸡肉粥

材料

熟鸡肉150克，香菇60克，干贝50克，大米80克

调味料

食盐3克，香菜段适量

制作方法

1. 香菇泡发，洗净，切片；干贝泡发，撕成细丝；大米淘净，浸泡半小时；熟鸡肉撕成细丝。
2. 大米放入锅中，加入清水烧沸，下入干贝、香菇，转中火熬煮至米粒开花。
3. 下入熟鸡肉，转文火将粥焖煮好，加入食盐调味，撒入香菜段即可。

枸杞萝卜鸡肉粥

材料

白萝卜120克，鸡脯肉100克，枸杞30克，大米80克

调味料

食盐、葱花各适量

制作方法

1. 白萝卜洗净，去皮，切块；枸杞洗净；鸡脯肉洗净，切丝；大米淘净，泡好。
2. 大米放入锅中，倒入鸡汤，大火烧沸，下入白萝卜、枸杞，转中火熬煮至米粒软散。
3. 下入鸡脯肉，将粥熬至浓稠，加入食盐调味，撒上葱花即可。

香菇包菜鸡肉粥

材料

大米80克，鸡脯肉150克，包菜50克，香菇70克

调味料

料酒5毫升，食盐3克，葱花适量

制作方法

1. 鸡脯肉洗净，切丝，用料酒腌渍；包菜洗净，切丝；香菇泡发，切成小片；大米淘净，浸泡半小时后，捞出沥干水分。
2. 锅中倒适量清水，放入大米，大火烧沸，下入香菇、鸡肉、包菜，转中火熬煮。
3. 小火将粥熬好，加入食盐调味，撒上少许葱花即可。

红枣鸡肉粥

材料

大米80克，香菇70克，红枣50克，鸡肉120克

调味料

料酒3毫升，姜末5克，食盐3克，葱花适量

制作方法

1. 鸡肉洗净切丁，用料酒腌制；大米淘净，泡好；红枣洗净，去核，对切；香菇用水泡发，洗净，切片。
2. 锅中加适量清水，下入大米用大火烧沸，再下入鸡丁、红枣、香菇、姜末，转中火熬煮。
3. 改文火将粥焖煮好，加入食盐调味，撒上葱花即可。

薏米鸡肉粥

材料

鸡脯肉150克，薏米30克，大米60克

调味料

料酒、鲜汤、食盐、胡椒粉、葱花各适量

制作方法

1. 鸡肉洗净，切小块，用料酒腌渍；大米、薏米淘净，泡好。
2. 锅中注入鲜汤，下入大米、薏米，大火煮沸，下入腌好的鸡肉，转中火熬煮。
3. 用文火将粥熬至黏稠时，调入食盐、胡椒粉调味，撒入葱花即可。

家常鸡腿粥

材料

大米80克，鸡腿肉200克

调味料

料酒5毫升，食盐3克，胡椒粉2克，葱花3克

制作方法

1. 大米淘净，浸泡半小时；鸡腿肉洗干净，切成小块，用料酒腌渍片刻。
2. 锅中加入适量清水，放入大米以旺火煮沸，放入腌好的鸡腿，以中火熬煮至米粒软散。
3. 改小火，待粥熬出香味时，加入食盐、胡椒粉调味，放入葱花即可。

猪肉鸡肝粥

材料

大米80克，鸡肝100克，猪瘦肉120克

调味料

食盐3克，味精1克，葱花少许

制作方法

1. 大米淘净，泡半小时；鸡肝用水泡洗干净，切片；猪瘦肉洗净，剁成末，用料酒略腌渍。
2. 大米放入锅中，加适量清水，煮至粥将成时，放入鸡肝、肉末，转中火熬煮。
3. 待熬煮成粥，调入食盐、味精调味，撒上葱花即可。

花生蛋糊粥

材料

花生米10克，鸡蛋1个，红枣5颗，糯米50克

调味料

蜂蜜5克，葱花适量

制作方法

1. 糯米洗净，放入清水中浸泡；花生米、红枣洗净。
2. 锅置火上，注入清水，放入糯米煮至五成熟。
3. 放入花生米、红枣煮至粥将成，磕入鸡蛋，打散略煮，加入蜂蜜调匀，撒上葱花即可。

生菜鸡蛋粥

材料

鸡蛋1个，生菜10克，玉米粒20克，大米80克

调味料

食盐2克，鸡汤100毫升，葱花、香油各少许

制作方法

1. 大米洗净，用清水浸泡；玉米粒洗净；生菜洗净，切丝；鸡蛋煮熟后切碎。
2. 锅置火上，注入清水，放入大米、玉米粒煮至八成熟。
3. 倒入鸡汤稍煮，放入鸡蛋、生菜，加入食盐、香油调匀，撒上葱花即可。

香菇鸡翅粥

材料

香菇15克，大米60克，鸡翅200克，葱10克

调味料

食盐6克，胡椒粉3克

制作方法

1. 香菇泡发切块，大米洗净后泡水1小时，鸡翅洗净斩块，葱切花备用。
2. 将米放入锅中，加入适量清水，大火煮开，加入鸡翅、香菇同煮。
3. 煮至呈浓稠状时，调入调味料，撒上葱花即可。

蛋黄鸡肝粥

材料

大米150克，熟鸡蛋黄2个，鸡肝60克，枸杞10克

调味料

食盐3克，鸡精1克，香菜少许

制作方法

1. 大米淘净，泡半小时；鸡肝用水泡洗干净，切片；枸杞洗净；熟鸡蛋黄捣碎。
2. 大米放入锅中，放入适量清水煮沸，放入枸杞，转中火熬煮至米粒开花。下入鸡肝、熟鸡蛋黄，小火熬煮成粥，加入食盐、鸡精调味，撒入香菜即可。

红枣鸡心粥

材料

鸡心100克，红枣50克，大米80克

调味料

葱花3克，姜末2克，食盐3克，味精2克，胡椒粉4克，卤汁适量

制作方法

1. 鸡心洗净，放入烧沸的卤汁中卤熟后，捞出切片；大米淘净，泡好；红枣洗净，去核备用。
2. 锅中注水，下入大米用大火煮沸，下入鸡心、红枣、姜末转中火熬煮。
3. 改小火，熬煮至鸡心熟透米烂，调入食盐、味精、胡椒粉调味，撒入葱花即可。

香菇鸡心粥

材料

鸡心120克，香菇100克，大米80克，枸杞少许

调味料

食盐3克，葱花4克，姜丝4克，料酒5毫升，生抽适量

制作方法

1. 香菇洗净，切成细丝；鸡心洗净，切块，加入料酒、生抽腌制；枸杞洗净；大米淘净。
2. 大米放入锅中，加入适量清水，旺火烧沸，下入香菇、枸杞、鸡心和姜丝，转中火熬煮至米粒开花。
3. 小火将粥熬好，加入食盐调味，撒上葱花即可。

香菇双蛋粥

材料

香菇、虾米各少许，皮蛋、鸡蛋各1个，大米100克

调味料

食盐3克，葱花、胡椒粉各适量

制作方法

1. 大米淘洗干净，用清水浸泡半小时；鸡蛋煮熟后切丁；皮蛋去壳，洗净切丁；香菇摘洗干净，切末；虾米洗净。
2. 锅置火上，注入清水，放入大米煮至五成熟。
3. 放入皮蛋、鸡蛋、香菇末、虾米煮至米粒开花，加入食盐、胡椒粉调匀，撒上葱花即可。

枸杞黄芪乳鸽粥

材料

枸杞50克，黄芪30克，乳鸽1只（约400克），大米80克

调味料

料酒5毫升，生抽4毫升，食盐3克，鸡精2克，胡椒粉4克，葱花适量

制作方法

1. 枸杞、黄芪洗净；大米淘净，泡半小时；鸽子洗净，切块，用料酒、生抽腌制，炖好。
2. 大米放入锅中，加入适量清水，旺火煮沸，下入枸杞、黄芪，中火熬煮至米粒开花。
3. 下入鸽肉熬煮成粥，加入食盐、鸡精、胡椒粉调味，撒葱花即可。

鹌鹑瘦肉粥

材料

鹌鹑3只，猪瘦肉100克，大米80克

调味料

料酒5毫升，食盐3克，味精2克，姜丝4克，胡椒粉3克，香油、葱花各适量

制作方法

1. 鹌鹑洗净，切块，入沸水汆烫，捞出；猪肉洗净，切小块；大米淘净，泡好。
2. 锅中放入鹌鹑、大米、姜丝、肉块，注入沸水，烹入料酒，中火焖煮至米粒开花。
3. 转小火熬煮成粥，加入食盐、味精、胡椒粉调味，淋入香油，撒入葱花即可。

菇杞鸭肉粥

材料

鸭肉80克，冬菇30克，枸杞10克，大米120克

调味料

料酒5毫升，生抽4毫升，食盐3克，色拉油、味精、葱花各适量

制作方法

1. 大米淘净泡好；冬菇泡发洗净，切片；枸杞洗净；鸭肉洗净切块，用料酒、生抽腌制。
2. 油锅烧热，放入鸭肉过油盛出；净锅加入清水，放入大米旺火煮沸，下入冬菇、枸杞，转中火熬煮至米粒开花。下入鸭肉，将粥熬煮至浓稠，调入食盐、味精调味，撒上葱花即可。

白菜鸡蛋粥

材料

大米100克，白菜30克，鸡蛋1个

调味料

食盐3克，香油、葱花各适量

制作方法

1. 大米淘洗干净，放入清水中浸泡；白菜洗净切丝；鸡蛋煮熟后切碎。
2. 锅置火上，注入清水，放入大米煮至粥将成。
3. 放入白菜、鸡蛋煮至粥黏稠时，加入食盐、香油调匀，撒上葱花即可。

鸡蛋洋葱粥

材料

鸡蛋1个，洋葱30克，大米100克

调味料

食盐3克，香油、胡椒粉、葱花各适量

制作方法

1. 大米淘洗干净，用清水浸泡；洋葱洗净切丝；鸡蛋煮熟后切碎。
2. 锅置火上，注入清水，放入大米煮至八成熟。
3. 放入洋葱、鸡蛋煮至粥浓稠，加入食盐、香油、胡椒粉调匀，撒上葱花即可。

水产海鲜粥

水产海鲜因其肉质细嫩、营养丰富、味道鲜美而被人们广泛用作煲粥的食材。水产海鲜粥具有健脾开胃、利尿消肿、止咳平喘、清热解毒等功能。因为食材的肌肉纤维较短、蛋白质组织结构松软、水分含量多、肉质鲜嫩、消化吸收较快，水产海鲜粥尤其适宜老人、小孩和病人食用。

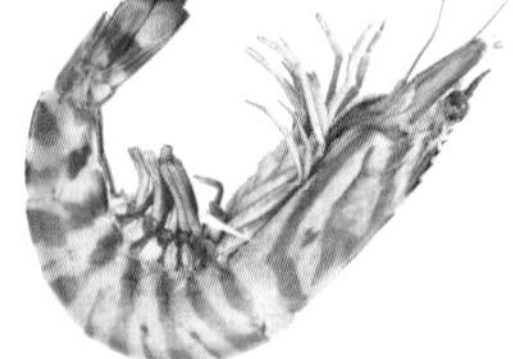

香菜鲶鱼粥

材料

大米100克，鲶鱼肉50克，香菜末少许

调味料

食盐3克，味精2克，料酒、姜丝、枸杞、香油各适量

制作方法

1. 大米洗净，用清水浸泡；鲶鱼肉洗净后用料酒腌渍去腥。
2. 锅置火上，放入大米，加适量清水煮至五成熟。
3. 放入鲶鱼肉、枸杞、姜丝煮至米粒开花，加入食盐、味精、香油调匀，撒上香菜末即可。

鳜鱼糯米粥

材料

糯米80克，净鳜鱼50克，猪五花肉20克

调味料

食盐3克，味精2克，料酒、葱花、姜丝、枸杞、香油各适量

制作方法

1. 糯米洗净，用清水浸泡；用料酒腌渍净鳜鱼以去腥；五花肉洗净后切小块，蒸熟备用。
2. 锅置火上，注入清水，放入糯米煮至五成熟。
3. 放入鳜鱼、猪五花肉、枸杞、姜丝煮至米粒开花，加入食盐、味精、香油调匀，撒入葱花即可。

鲳鱼豆腐粥

材料

大米80克，鲳鱼50克，豆腐20克

调味料

食盐3克，味精2克，香菜叶、葱花、姜丝、香油各适量

制作方法

❶ 大米洗净，用清水浸泡；鲳鱼剖洗净后切小块，用料酒腌渍；豆腐剖洗净切小块。

❷ 锅置火上，注入清水，放入大米煮至五成熟。

❸ 放入鱼肉、姜丝煮至米粒开花，加入豆腐、食盐、味精、香油调匀，撒入香菜叶、葱花便可。

淡菜芹菜鸡蛋粥

材料

大米80克，淡菜50克，芹菜少许，鸡蛋1个

调味料

食盐3克，味精2克，香油、胡椒粉、枸杞各适量

制作方法

❶ 大米洗净，放入清水中浸泡；淡菜用温水泡发；芹菜洗净切碎；鸡蛋煮熟后切碎。

❷ 锅置火上，注入清水，放入大米煮至五成熟。

❸ 再放入淡菜、枸杞，煮至米粒开花，放入鸡蛋、芹菜稍煮，加入食盐、味精、胡椒粉调味即可。

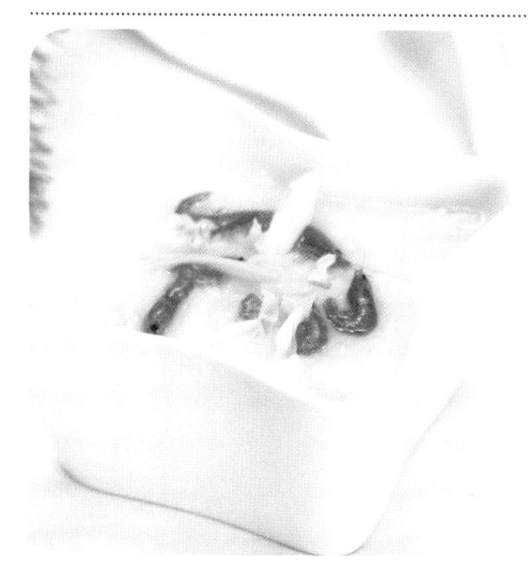

虾米包菜粥

材料

大米100克，包菜、小虾米各20克

调味料

食盐3克，味精2克，姜丝、胡椒粉各适量

制作方法

❶ 大米洗净，放入清水中浸泡；包菜洗净切细丝；小虾米洗净。

❷ 锅置火上，注入清水，放入大米，煮至五成熟。

❸ 放入小虾米、姜丝煮至粥将成，放入包菜稍煮，加入食盐、味精、胡椒粉调匀即成。

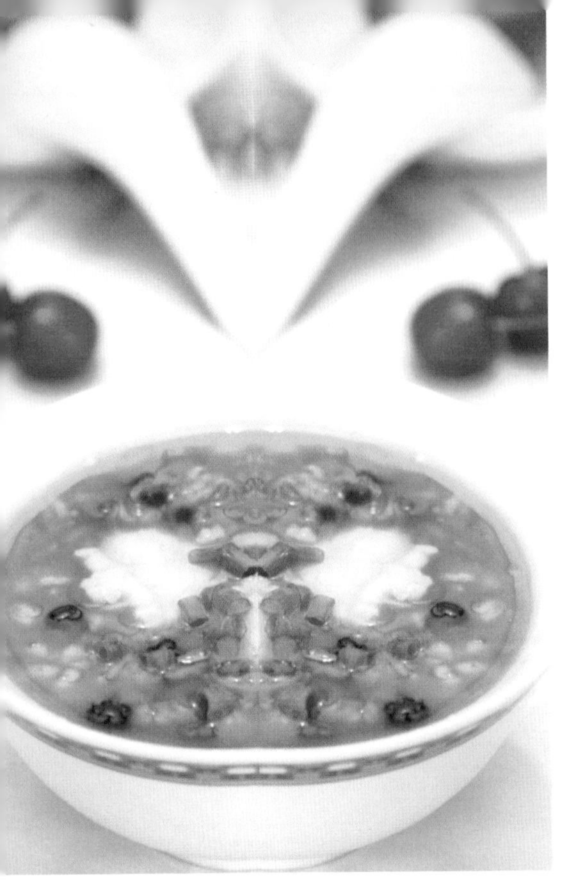

鲤鱼薏米豆粥

材料

鲤鱼50克，薏米、黑豆、红豆各20克，大米50克

调味料

食盐3克，葱花、香油、胡椒粉、料酒各适量

制作方法

1. 大米、黑豆、红豆、薏米洗净，用清水浸泡；鲤鱼剖洗净切小块，用料酒腌渍。
2. 锅置火上，放入大米、黑豆、红豆、薏米，加入适量清水煮至五成熟。
3. 放入鱼肉煮至粥将成，加入食盐、香油、胡椒粉调匀，撒入葱花即可。

鲫鱼玉米粥

材料

大米80克，鲫鱼50克，玉米粒20克

调味料

食盐3克，味精2克，葱白丝、葱花、姜丝、料酒、香醋、香油各适量

制作方法

1. 大米淘洗净，再用清水浸泡；鲫鱼剖洗净后切小片，用料酒腌渍；玉米粒洗净备用。
2. 锅置火上，放入大米，加适量清水煮至五成熟。
3. 放入鱼肉、玉米粒、姜丝煮至米粒开花，加入食盐、味精、香油、香醋调匀，放入葱白丝、葱花即可。

猪血黄鱼粥

材料

大米80克，黄鱼50克，猪血20克

调味料

食盐3克，味精2克，料酒、姜丝、香菜末、香油各适量

制作方法

1. 大米淘洗干净，用清水浸泡；黄鱼剖洗净切小块，用料酒腌渍；猪血洗净切块，放入沸水中稍烫后捞出。
2. 锅置火上，放入大米，加适量清水煮至五成熟。放入鱼肉、猪血、姜丝煮至粥将成，加入食盐、味精、香油调匀，撒上香菜末即成。

鲫鱼百合糯米粥

材料

糯米80克，鲫鱼50克，百合20克

调味料

食盐3克，味精2克，料酒、姜丝、香油、葱花各适量

制作方法

1. 糯米洗净，用清水浸泡；鲫鱼剖洗净后切片，用料酒腌渍去腥；百合洗去杂质，削去黑色边缘。
2. 锅置火上，放入大米，加适量清水煮至五成熟。
3. 放入鱼肉、姜丝、百合煮至粥将成，加入食盐、味精、香油调匀，撒入葱花即成。

火腿泥鳅粥

材料

大米80克，泥鳅50克，火腿20克

调味料

食盐3克，色拉油、料酒、胡椒粉、香油、香菜各适量

制作方法

1. 大米淘洗干净，入清水浸泡；泥鳅洗净后切小段；火腿洗净，切片；香菜洗净切碎。
2. 油锅烧热，放入泥鳅段翻炒，烹入料酒、加入食盐，炒熟后盛出。锅置火上，注入清水，放入大米煮至五成熟；放入泥鳅段、火腿煮至米粒开花，加入食盐、胡椒粉、香油调味，撒上香菜即可。

蘑菇墨鱼粥

材料

大米80克，墨鱼50克，冬笋、猪瘦肉、蘑菇各20克

调味料

食盐3克，料酒、香油、胡椒粉、葱花各适量

制作方法

1. 大米洗净，用清水浸泡；墨鱼洗净后切麦穗状，用料酒腌渍去腥；冬笋、猪瘦肉洗净切片；蘑菇洗净。
2. 锅置火上，注入清水，放入大米煮至五成熟。
3. 放入墨鱼、猪肉熬煮至粥将成时，再下入冬笋和蘑菇，煮至黏稠，加入食盐、香油、胡椒粉调味，撒上葱花即可。

豆腐螃蟹粥

材料

螃蟹1只，豆腐20克，米饭80克

调味料

食盐3克，味精2克，香油、胡椒粉、葱花各适量

制作方法

1. 螃蟹洗净后蒸熟；豆腐洗净，沥干水分后研碎。
2. 锅置火上，放入清水，烧沸后倒入米饭，煮至七成熟。
3. 放入蟹肉、豆腐熬煮至粥将成，加入食盐、味精、香油、胡椒粉调味，撒上葱花即可。

鸡肉鲍鱼粥

材料

鸡肉、鲍鱼各30克，大米80克

调味料

食盐3克，味精2克，料酒、香菜末、胡椒粉、香油各适量

制作方法

1. 大米淘洗干净；鲍鱼、鸡肉洗净后均切小块，用料酒腌渍去腥。
2. 锅置火上，放入大米，加适量清水煮至五成熟。
3. 放入鲍鱼、鸡肉煮至粥将成，加入食盐、味精、胡椒粉、香油调匀，撒上香菜末即可。

药膳粥

古代时，人们就知道在粥里面加一些药材，以预防疾病及滋补身体。所以，古语有“春食荠菜粥，夏食绿豆粥，秋食银杏粥，冬食腊八粥”的说法。药膳粥就是在粥中加入一些相应的药材，与粥同煲后，可以把药材的药效物质溶于汤中。药膳粥中，可加入的药材有很多，你也可以试一下煲药膳粥。

白术内金红枣粥

材料

大米100克，白术、鸡内金、红枣各适量

调味料

白糖4克

制作方法

1. 大米泡发洗净；红枣、白术均洗净；鸡内金洗净，加水煮好，取汁待用。
2. 锅置火上，加入适量清水，倒入煮好的汁，放入大米，以大火烧开。
3. 再加入白术、红枣煮至粥呈浓稠状，调入白糖拌匀即可。

柏子仁粥

材料

柏子仁适量，大米80克

调味料

食盐1克

制作方法

1. 大米泡发洗净；柏子仁洗净。
2. 锅置火上，倒入清水，放入大米，以大火煮至米粒开花。
3. 加入柏子仁，以小火煮至浓稠状，调入食盐拌匀即可。

茶叶粥

材料

茶叶适量，大米100克

调味料

食盐2克

制作方法

1. 大米泡发洗净；茶叶洗净，加入清水煮好，取汁待用。
2. 锅置火上，倒入茶叶汁，放入大米，以大火煮开。
3. 再以小火煮至浓稠状，调入食盐拌匀即可。

陈皮白糖粥

材料

陈皮3克，大米110克

调味料

白糖8克

制作方法

1. 陈皮洗净，剪成小片；大米泡发洗净。
2. 锅置火上，注入清水后，放入大米，用大火煮至米粒开花。
3. 放入陈皮，用小火熬至粥成闻见香味时，放入白糖调味即可。

陈皮黄芪粥

材料

陈皮末15克，生黄芪20克，山楂适量，大米100克

调味料

白糖10克

制作方法

1. 生黄芪洗净；山楂洗净，切丝；大米泡发洗净。
2. 锅置火上，注水后，放入大米，用旺火煮至米粒绽开。
3. 放入生黄芪、陈皮末、山楂，用小火煮至粥成闻见香味时，放入白糖调味即可。

刺五加粥

材料

刺五加适量，大米80克

调味料

白糖3克

制作方法

1. 大米泡发洗净；刺五加洗净，装入棉纱布袋中。
2. 锅置火上，倒入清水，放入大米，以大火煮至米粒开花。
3. 再下入装有刺五加的绵纱布袋同煮至浓稠状，拣出棉布袋，调入白糖拌匀即可。

党参百合冰糖粥

材料

党参、百合各20克，大米100克

调味料

冰糖8克

制作方法

1. 党参洗净，切成小段；百合洗净；大米洗净，泡发。
2. 锅置火上，注水后，放入大米，用大火煮至米粒开花。
3. 放入党参、百合，用小火煮至粥成闻见香味时，放入冰糖调味即可。

决明子粥

材料

大米100克，决明子适量

调味料

食盐2克，葱8克

制作方法

1. 大米泡发洗净；决明子洗净；葱洗净，切花。
2. 锅置火上，倒入清水，放入大米，以大火煮至米粒开花。
3. 加入决明子煮至粥呈浓稠状，调入食盐拌匀，再撒上葱花即可。

竹叶汁粥

材料

竹叶适量，大米100克

调味料

白糖3克

制作方法

1. 大米泡发洗净；竹叶洗净，加入清水煮好，取汁待用。
2. 锅置火上，倒入煮好的竹叶汁，放入大米，以大火煮开。
3. 加入竹叶煮至浓稠状，调入白糖拌匀即可。

神曲粥

材料

大米100克，神曲适量

调味料

白糖5克

制作方法

1. 大米洗净，泡发后，捞出沥水备用；神曲洗净。
2. 锅置火上，倒入清水，放入大米，以大火煮至米粒开花。
3. 加入神曲同煮片刻，再以小火煮至粥浓稠时，调入白糖拌匀即可。

当归红花粥

材料

大米100克，当归、川芎、黄芪、红花各适量

调味料

白糖10克

制作方法

1. 当归、川芎、黄芪、红花洗净；大米泡发洗净。
2. 锅置火上，注水后，放入大米，用大火煮至米粒开花。
3. 放入当归、川芎、黄芪、红花，改用小火煮至粥成，调入白糖入味即可。

当归桂枝红参粥

材料

当归、桂枝、红参、甘草、红枣各适量，大米100克

调味料

食盐2克，葱少许

制作方法

1. 将桂枝、红参、当归、甘草入锅，倒入两碗水熬至一碗待用；大米洗净；葱洗净，切花。
2. 锅置火上，注水后，放入大米用大火煮至米粒开花，放入红枣同煮。
3. 倒入熬好的汤汁，改用小火熬至粥浓稠闻见香味时，放入食盐调味，撒上葱花即可。

高良姜粥

材料

大米110克，高良姜15克

调味料

食盐3克，葱少许

制作方法

1. 大米泡发洗净；高良姜润透，洗净，切片；葱洗净，切花。
2. 锅置火上，注入清水后，放入大米、高良姜，用旺火煮至米粒开花。
3. 改用小火熬至粥成，放入食盐调味，撒上葱花即成。

茯苓粥

材料

茯苓适量，大米100克

调味料

食盐2克，葱10克

制作方法

1. 大米淘洗干净，捞出沥干备用；茯苓洗净；葱洗净，切花。
2. 锅置火上，倒入清水，放入大米，以大火煮开。
3. 加入茯苓同煮至熟，再以小火煮至浓稠状，调入食盐拌匀，撒上葱花即可。

莱菔子粥

材料

大米100克，莱菔子5克，陈皮5克

调味料

白糖20克

制作方法

1. 莱菔子洗净；陈皮洗净，切成小片；大米泡发洗净。
2. 锅置火上，注水后，放入大米，用大火煮至米粒开花。
3. 放入莱菔子、陈皮，改用小火熬至粥成闻见香味时，放入白糖调味即可。

鹿茸粥

材料

大米100克，鹿茸适量

调味料

食盐2克，葱花适量

制作方法

❶ 大米洗净，浸泡半小时后捞出沥干水分，备用；鹿茸洗净，倒入锅中，加水煮好，取汁待用。锅置火上，加入适量清水，倒入煮好的汁，放入大米，以大火煮至米粒开花。

❷ 再转小火续煮至浓稠状，调入食盐拌匀，撒入葱花即可。

橘皮粥

材料

干橘皮适量，大米80克

调味料

食盐2克，葱8克

制作方法

❶ 大米泡发洗净；橘皮洗净，加水煮好，取汁待用；葱洗净，切成圈。

❷ 锅置火上，加入适量清水，放入大米，以大火煮开，再倒入熬好的汁液。

❸ 以小火煮至浓稠状，撒上葱花，调入食盐调味即可。

茯苓莲子粥

材料

大米100克，茯苓、红枣、莲子各适量

调味料

白糖、红糖各3克

制作方法

❶ 大米泡发洗净；红枣洗净，切成小块；茯苓洗净；莲子洗净，泡发后去除莲心。

❷ 锅置火上，倒入适量清水，放入大米，以大火煮至米粒开花。

❸ 加入茯苓、莲子同煮至熟，再加入红枣，以小火煮至粥浓稠时，调入白糖、红糖拌匀即可。

葡萄干麻仁粥

材料

麻仁10克，葡萄干20克，青菜30克，大米100克

调味料

食盐2克

制作方法

1. 大米洗净，泡发半小时后，捞出沥干水分；葡萄干、麻仁均洗净；青菜洗净，切丝。
2. 锅置火上，倒入适量清水烧沸，放入大米，以大火煮开。
3. 加入麻仁、葡萄干同煮至米粒开花，再下入青菜煮至浓稠状，调入食盐调味即可。

肉桂粥

材料

肉桂适量，大米100克

调味料

白糖3克，葱花适量

制作方法

1. 大米泡发半小时后捞出沥干水分备用；肉桂洗净，加水煮好，取汁待用。
2. 锅置火上，加入适量清水，放入大米，以大火煮开，再倒入肉桂汁。
3. 以小火煮至粥浓稠时，调入白糖拌匀，再撒上葱花即可。

枸杞麦冬花生粥

材料

花生米30克，大米80克，枸杞、麦冬各适量

调味料

白糖3克

制作方法

1. 大米洗净，放入冷水中浸泡1小时后，捞出备用；枸杞、花生米、麦冬均洗净。
2. 锅置火上，放入大米，倒入清水煮至米粒开花，放入花生米、麦冬同煮。
3. 待粥至浓稠时，放入枸杞煮片刻，调入白糖拌匀即可。

红豆枇杷叶粥

材料

红豆80克，枇杷叶15克，大米100克

调味料

食盐2克

制作方法

1. 大米泡发洗净；枇杷叶刷洗净绒毛，切丝；红豆泡发洗净。
2. 锅置火上，倒入清水，放入大米、红豆，以大火煮至米粒开花。
3. 下入枇杷叶，再转小火煮至粥呈浓稠状，调入食盐拌匀即可。

人参枸杞粥

材料

人参5克，枸杞15克，大米100克

调味料

冰糖10克

制作方法

1. 人参洗净，切小块；枸杞泡发洗净；大米泡发洗净。
2. 锅置火上，注入清水后，放入大米，用大火煮至米粒开花。
3. 再放入人参、枸杞熬至粥成，放入冰糖入味即可。

银耳玉米沙参粥

材料

银耳、玉米粒、沙参各适量，大米100克

调味料

食盐3克，葱少许

制作方法

1. 玉米粒洗净；沙参洗净；银耳泡发洗净，摘成小朵；大米洗净；葱洗净，切花。
2. 锅置火上，注水后，放入大米、玉米粒，用旺火煮至米粒完全绽开。
3. 放入沙参、银耳，用小火煮至粥成闻见香味时，放入食盐调味，撒上葱花即可。

天门冬粥

材料

天门冬适量，大米100克

调味料

白糖3克，葱5克

制作方法

1. 大米泡发洗净；天门冬洗净；葱洗净，切花。
2. 锅置火上，倒入清水，放入大米，以大火煮开。
3. 加入天门冬煮至粥呈浓稠状，撒上葱花，调入白糖拌匀即可。

茉莉花高粱粥

材料

茉莉花适量，高粱米70克，红枣20克

调味料

白糖3克

制作方法

1. 高粱米泡发洗净；红枣洗净，切片；茉莉花洗净。
2. 锅置火上，倒入清水，放入高粱米煮至开花。
3. 加入红枣、茉莉花同煮至浓稠状，调入白糖拌匀即可。

枸杞茉莉花粥

材料

枸杞、茉莉花各适量，大米80克

调味料

食盐2克

制作方法

1. 大米洗净，浸泡半小时后捞出沥干水分；茉莉花、枸杞均洗净。
2. 锅置火上，倒入清水，放入大米，以大火煮开。
3. 加入枸杞同煮片刻，再以小火煮至浓稠状，撒上茉莉花，调入食盐调味即可。

山药山楂黄豆粥

材料

大米90克，山药30克，黄豆、山楂、豌豆各适量

调味料

食盐2克，味精1克

制作方法

1. 山药洗净切块；大米洗净；黄豆、豌豆洗净；山楂洗净切丝。
2. 锅内注水，放入大米，用大火煮至米粒开花，放入山药、黄豆、山楂、豌豆。
3. 改用小火，煮至粥成，调入食盐、味精入味即可。

何首乌红枣粥

材料

大米110克，何首乌、红枣各适量

调味料

红糖10克

制作方法

1. 何首乌洗净，倒入锅中，倒入500克清水熬至剩约200克，去渣取汁待用；红枣去核洗净；大米泡发洗净。
2. 锅置火上，注入清水后，放入大米，用大火煮开。
3. 倒入何首乌汁，放入红枣，用小火煮至粥成闻见香味时，放入红糖调味即可。

细辛枸杞粥

材料

大米100克，细辛适量，枸杞少许

调味料

食盐2克，葱5克

制作方法

1. 大米淘洗干净，置于冷开水中浸泡半小时后捞出沥干水分；细辛洗净；葱洗净，切花。
2. 锅置火上，倒入清水，放入大米，以大火煮至米粒开花，再加入枸杞和细辛，转小火熬煮。
3. 待粥煮至浓稠状，调入食盐拌匀，再撒入葱花即可。

燕窝杏仁粥

材料

燕窝、南杏仁各适量，大米100克

调味料

冰糖10克，葱花少许

制作方法

1. 大米泡发洗净；燕窝用温水浸涨后，拣去燕毛杂质，用温水漂洗干净；南杏仁洗净。
2. 锅置火上，放入大米，倒入清水煮至米粒开花。
3. 待粥至浓稠状时，放入燕窝、南杏仁同煮片刻，调入冰糖煮化即可。

益母草红枣粥

材料

大米100克，益母草嫩叶20克，红枣10克

调味料

食盐2克

制作方法

1. 大米洗净，泡发；红枣洗净，去核，切成小块；益母草嫩叶洗净，切碎。
2. 锅置火上，倒入适量清水，放入大米，以大火煮开。
3. 加入红枣煮至粥呈浓稠状时，下入益母草嫩叶稍煮，调入食盐拌匀即可。

银耳枸杞粥

材料

银耳30克，枸杞10克，稀粥1碗

调味料

白糖3克

制作方法

1. 银耳泡发，洗净，摘成小朵备用；枸杞用温水泡发至回软，洗净，捞起。
2. 锅置火上，加入适量开水，倒入稀粥搅匀。
3. 放入银耳、枸杞同煮至各材料均熟，调入白糖搅匀即可。

玉米须荷叶粥

材料

玉米须、鲜荷叶各适量，大米80克

调味料

食盐2克，葱花5克

制作方法

① 大米置清水中浸泡半小时后捞出沥干水分备用；荷叶洗净，加水熬汁，再拣出荷叶待用；玉米须洗净，捞出沥干水分。

② 锅置火上，加入适量清水，放入大米煮至浓稠。

③ 加入玉米须、荷叶汁同煮片刻，调入食盐拌匀，撒上葱花即可。

莲子山药粥

材料

玉米10克，莲子13克，山药20克，粳米80克

调味料

食盐3克，葱少许

制作方法

① 粳米、莲子泡发洗净；玉米洗净；山药去皮洗净，切块；葱洗净，切花。

② 锅置火上，注水后，放入粳米以大火煮至米粒开花，放入玉米、莲子、山药同煮。

③ 用小火煮至粥成，调入食盐调味，撒上葱花即可。

泽泻枸杞粥

材料

泽泻适量，枸杞适量，大米80克

调味料

食盐1克

制作方法

① 大米泡发洗净；枸杞洗净；泽泻洗净，加水煮好，取汁待用。

② 锅置火上，加入适量清水，放入大米、枸杞以大火煮开。

③ 再倒入熬煮好的泽泻汁，以小火煮至浓稠状，调入食盐调味即可。

杂粮粥

时至今日，杂粮粥逐渐成为人们的“新宠”。的确，食用粗粮与细粮搭配熬成的粥品，可避免饮食调配不当造成的营养不良和由此产生的各种营养性疾病。杂粮粥的原料是个“大家族”，诸如籼米、秫米、小米、玉米、荞麦、黑豆、红豆、绿豆及甘薯等都是其“成员”。据专家分析，杂粮粥比起精制的面粉和稻米熬成的粥的营养价值更高，并具有防癌抗癌的功效。

腊八粥

材料

红豆、红枣、绿豆、花生、薏米、黑米、葡萄干各20克，糯米30克

调味料

白糖5克，葱花2克

制作方法

1. 糯米、黑米、红豆、薏米、绿豆均泡发洗净；花生、红枣、葡萄干均洗净。
2. 锅置火上，倒入清水，放入糯米、黑米、红豆、薏米、绿豆煮开。
3. 加入花生、红枣、葡萄干同煮至浓稠状，调入白糖拌匀，撒入葱花即可。

五色大米粥

材料

绿豆、红豆、白豆、玉米各25克，胡萝卜适量，大米40克

调味料

白糖3克

制作方法

1. 大米、绿豆、红豆、白豆均泡发洗净；玉米洗净；胡萝卜洗净，切丁。
2. 锅置火上，倒入清水，放入大米、绿豆、红豆、白豆，以大火煮开。
3. 加入玉米、胡萝卜同煮至浓稠状，加入白糖拌匀即可。

三豆山药粥

材料

大米100克，山药30克，黄豆、红芸豆、豌豆各适量

调味料

白糖10克

制作方法

1. 大米泡发洗净；山药去皮洗净，切块；黄豆、红芸豆、豌豆洗净。
2. 锅内注水，放入大米，用大火煮至米粒绽开，放入黄豆、红芸豆、豌豆同煮。
3. 改用小火煮至粥成闻见香味时，放入白糖调味即可。

三红玉米粥

材料

红枣、红衣花生、红豆、玉米粒各20克，大米80克

调味料

白糖6克，葱少许

制作方法

1. 玉米洗净；红枣去核洗净；红衣花生、红豆、大米泡发洗净。
2. 锅置火上，注水后，放入大米煮至沸后，放入玉米、红枣、花生仁、红豆。
3. 用小火慢慢煮至粥成，调入白糖入味，撒上葱花即可。

三黑白糖粥

材料

黑芝麻10克，黑豆30克，黑米70克

调味料

白糖3克

制作方法

1. 黑米、黑豆均洗净，置于冷水锅中浸泡半小时后捞出沥干水分；黑芝麻洗净。
2. 锅中加适量清水，放入黑米、黑豆、黑芝麻以大火煮至开花。
3. 再转小火将粥煮至呈浓稠状，调入白糖拌匀即可。

八宝银耳粥

材料

银耳、麦仁、糯米、红豆、芸豆、绿豆、花生仁各20克

调味料

白糖3克

制作方法

1. 银耳泡发洗净，摘成小朵备用；麦仁、糯米、红豆、芸豆、绿豆、花生米分别泡发半小时后，捞出沥干水分。
2. 锅置火上，倒入适量清水，放入除银耳外的所有原材料煮至米粒开花。
3. 再放入银耳同煮至粥浓稠时，调入白糖拌匀即可。

干果葡萄粥

材料

大米100克，低脂牛奶100毫升，芝麻少许，葡萄、梅干各25克

调味料

冰糖5克，葱花少许

制作方法

1. 大米洗净，用清水浸泡；葡萄去皮，去核，洗净备用；梅干洗净。
2. 锅置火上，注入清水，放入大米煮至八成熟。
3. 放入葡萄、梅干、芝麻煮至米粒开花，倒入牛奶、冰糖稍煮后调匀即可。

香菜杂粮粥

材料

香菜适量，荞麦、薏米、糙米各35克

调味料

食盐2克，香油5毫升

制作方法

1. 糙米、薏米、荞麦均泡发洗净；香菜洗净，切碎。
2. 锅置火上，倒入清水，放入糙米、薏米、荞麦煮至开花。
3. 煮至浓稠状时，调入食盐拌匀，淋入香油，撒上香菜即可。

双豆麦片粥

材料

黄豆、青豆各20克，大米、麦片各40克

调味料

白糖3克

制作方法

1. 大米、麦片、黄豆、青豆均泡发洗净。
2. 锅置火上，倒入清水，放入大米、麦片、黄豆、青豆，以大火煮开。
3. 待煮至浓稠状，调入白糖拌匀即可。

双豆浮萍粥

材料

黑豆、豌豆各25克，大米70克，浮萍适量

调味料

食盐2克

制作方法

1. 大米、黑豆均泡发洗净；豌豆洗净；浮萍洗净，加水煮好，取汁待用。
2. 锅置火上，加入适量清水，放入大米、黑豆、豌豆煮开，再倒入煎煮好的浮萍汁液。
3. 待煮至浓稠状，调入食盐拌匀即可。

四豆陈皮粥

材料

绿豆、红豆、眉豆、毛豆各20克，陈皮适量，大米50克

调味料

红糖5克

制作方法

1. 大米、绿豆、红豆、眉豆均泡发洗净；陈皮洗净，切丝；毛豆洗净，沥水备用。
2. 锅置火上，倒入清水，放入大米、绿豆、红豆、眉豆、毛豆，以大火煮至开花。
3. 加入陈皮同煮至粥呈浓稠状，调入红糖拌匀即可。

黄豆小米粥

材料

小米80克，黄豆40克

调味料

白糖3克，葱5克

制作方法

❶ 小米淘洗干净；黄豆洗净，浸泡至外皮发皱后，捞起沥干；葱洗净，切成花。

❷ 锅置火上，倒入清水，放入小米与黄豆，以大火煮开。

❸ 待煮至粥呈浓稠状，撒上葱花，调入白糖拌匀即可。

玉米核桃仁粥

材料

核桃仁20克，玉米粒30克，大米80克

调味料

白糖3克，葱8克

制作方法

❶ 大米泡发洗净；玉米粒、核桃仁均洗净；葱洗净，切花。

❷ 锅置火上，倒入清水，放入大米、玉米粒煮开。

❸ 加入核桃仁同煮至浓稠状，调入白糖拌匀，撒上葱花即可。

玉米红豆薏米粥

材料

薏米40克，大米60克，玉米粒、红豆各30克

调味料

食盐2克

制作方法

❶ 大米、薏米、红豆均泡发洗净；玉米粒洗净。

❷ 锅置火上，倒入适量清水，放入大米、薏米、红豆，以大火煮至米粒开花。

❸ 加入玉米粒煮至浓稠状，调入食盐拌匀即可。

玉米粉黄豆粥

材料

玉米粉、黄豆粉各60克

调味料

食盐3克，葱少许

制作方法

1. 葱洗净，切花。
2. 锅置火上注水，用大火烧开后，边搅拌边倒入玉米粉、黄豆粉。
3. 搅匀后，用小火慢慢煮至粥浓稠时，调入食盐调味，撒上葱花即可。

玉米片黄豆粥

材料

玉米片、黄豆各30克，大米90克

调味料

食盐3克，葱少许

制作方法

1. 玉米片洗净；大米、黄豆均洗净泡发；葱洗净，切花。
2. 锅置火上，注水后，放入大米、玉米片、黄豆煮至将熟。
3. 改用小火，慢慢煮至粥成，调入食盐调味，撒上葱花即可。

玉米双豆粥

材料

玉米、红芸豆、豌豆各适量，大米90克

调味料

食盐3克，味精少许

制作方法

1. 玉米、豌豆洗净；红芸豆、大米泡发洗净。
2. 锅置火上，注水后，放入大米、玉米、豌豆、红芸豆煮至米粒绽开后。
3. 用小火煮至粥成，调入食盐、味精入味即可。

银耳双豆玉米粥

材料

银耳30克，绿豆片、红豆片、玉米片各20克，大米80克

调味料

白糖3克

制作方法

1. 大米浸泡半小时后，捞出备用；银耳泡发洗净，切碎；绿豆片、红豆片、玉米片均洗净备用。
2. 锅置火上，放入大米、绿豆片、红豆片、玉米片，倒入清水煮至米粒开花。
3. 放入银耳同煮片刻，待粥至浓稠状时，调入白糖拌匀即可。

牛奶玉米粥

材料

玉米粉80克，牛奶120毫升，枸杞少许

调味料

白糖5克

制作方法

1. 枸杞洗净备用。
2. 锅置火上，倒入牛奶煮沸后，缓缓倒入玉米粉，搅拌至半凝固状。
3. 放入枸杞，用小火煮至粥呈浓稠状，调入白糖入味即可。

西洋参红枣玉米粥

材料

大米100克，西洋参、红枣、玉米各20克

调味料

食盐3克，葱少许

制作方法

1. 西洋参洗净，切段；红枣去核洗净，切开；玉米洗净；葱洗净，切花。
2. 净锅注水烧沸，放入大米、玉米、红枣、西洋参，用大火煮至米粒绽开。
3. 用小火煮至粥浓稠闻见香味时，放入食盐调味，撒入葱花即成。

核桃百合粥

材料

大米80克，核桃仁、百合、黑芝麻各适量

调味料

白糖4克，葱8克

制作方法

1. 大米泡发洗净；核桃、黑芝麻均洗净；百合洗净，削去黑色边缘；葱洗净，切花。
2. 锅置火上，倒入清水，放入大米煮至米粒开花。
3. 加入核桃仁、百合、黑芝麻同煮至浓稠状，调入白糖拌匀，撒上葱花即可。

松仁核桃粥

材料

松仁20克，核桃仁30克，大米80克

调味料

食盐2克

制作方法

1. 大米泡发洗净；松仁、核桃仁均洗净。
2. 锅置火上，倒入清水，放入大米煮至米粒开花。
3. 加入松仁、核桃仁同煮至浓稠状，调入食盐调味即可。

陈皮花生大米粥

材料

陈皮适量，花生米40克，大米80克

调味料

白糖4克，葱5克

制作方法

1. 大米泡发洗净；花生米洗净；陈皮洗净，切丝；葱洗净，切成花。
2. 锅置火上，加入适量清水，放入大米、花生煮至米粒开花。
3. 再下入陈皮煮至浓稠状，调入白糖拌匀，撒上葱花即可。

双豆玉米粥

材料

红豆30克，豌豆、胡萝卜各20克，玉米粒20克，大米80克

调味料

白糖5克

制作方法

1. 大米、红豆均泡发洗净；玉米粒、豌豆均洗净；胡萝卜洗净，切丁。
2. 锅置火上，倒入清水，放入大米与红豆，以大火煮开。
3. 加入玉米粒、豌豆、胡萝卜同煮至浓稠状，调入白糖即可。

红豆腰果燕麦粥

材料

红豆30克，腰果适量，燕麦片40克

调味料

白糖4克

制作方法

1. 红豆泡发洗净，备用；燕麦片洗净；腰果洗净。
2. 锅置火上，倒入清水，放入燕麦片和红豆、腰果，以大火煮开。
3. 转小火将粥煮至浓稠状，调入白糖拌匀即可。

黑豆山楂粥

材料

大米70克，山楂20克，黑豆30克

调味料

白糖3克

制作方法

1. 大米、黑豆均洗净，泡发；山楂洗净，切成薄片。
2. 锅置火上，加入清水，放入大米、黑豆煮至米、豆均绽开。
3. 加入山楂同煮至浓稠状，调入白糖拌匀即可。

核桃红枣红糖粥

材料

大米80克，核桃仁、红枣各30克

调味料

红糖3克，葱花2克

制作方法

1. 大米洗净，置于冷水中泡发半小时后捞出沥干水分；红枣洗净，去核，切片；核桃仁洗净。
2. 锅置火上，倒入清水，放入大米以大火煮开。
3. 加入核桃仁、红枣同煮至浓稠状，调入红糖拌匀，撒入葱花即可。

红豆核桃粥

材料

红豆30克，核桃仁20克，大米70克

调味料

白糖3克，葱花2克

制作方法

1. 大米、红豆均泡发洗净；核桃仁洗净。
2. 锅置火上，倒入清水，放入大米、红豆同煮至米粒开花。
3. 加入核桃仁煮至浓稠状，调入白糖拌匀，撒入葱花即可。

红豆茉莉粥

材料

红豆、红枣各20克，茉莉花8克，大米80克

调味料

白糖4克

制作方法

1. 大米、红豆均洗净泡发；红枣洗净，去核，切片；茉莉花洗净。
2. 锅置火上，倒入清水，放入大米与红豆，以大火煮开。
3. 再加入红枣、茉莉花同煮至粥呈浓稠状，调入白糖拌匀，出锅即可食用。

黑豆红枣糯米粥

材料

糯米70克，黑豆30克，红枣20克

调味料

白糖3克

制作方法

1. 糯米、黑豆均泡发洗净；红枣洗净，去核，切成小块。
2. 锅置火上，倒入清水，放入糯米、黑豆煮至米、豆均开花。
3. 再加入红枣同煮至粥呈浓稠状且冒气泡时，调入白糖拌匀即可。

桂圆黑豆粥

材料

桂圆肉、黑豆各30克，大米70克

调味料

食盐2克，姜、葱各8克

制作方法

1. 大米、黑豆均泡发洗净；桂圆肉洗净；姜洗净，切丝；葱洗净，切花。
2. 锅置火上，倒入清水，放入大米、黑豆煮开。
3. 加入桂圆肉、姜丝同煮至浓稠状，调入食盐拌匀，撒入葱花即可。

眉豆粥

材料

眉豆30克，大米80克

调味料

红糖10克，葱花3克

制作方法

1. 大米、眉豆均泡发洗净；葱洗净，切花。
2. 锅置火上，倒入清水，放入大米、眉豆煮至开花。
3. 加入红糖同煮至浓稠状，撒入葱花即可。

核桃腰果杏仁粥

材料

大米70克，腰果、核桃仁、北杏仁各30克

调味料

冰糖适量，葱适量

制作方法

1. 大米泡发洗净，泡发半小时后沥干水分备用；腰果、核桃仁、北杏仁均洗净；葱洗净，切花。
2. 锅置火上，倒入清水，放入大米煮至米粒开花。
3. 加入腰果、核桃仁、北杏仁、冰糖同煮至浓稠，撒入葱花即可。

核桃生姜粥

材料

核桃仁15克，生姜5克，红枣10克，糯米80克

调味料

食盐2克，姜汁适量

制作方法

1. 糯米置于清水中泡发后洗净；生姜去皮，洗净，切丝；红枣洗净，去核，切片；核桃仁洗净。
2. 锅置火上，倒入清水，放入糯米，大火煮开，再淋入姜汁。
3. 加入核桃仁、姜丝、红枣同煮至浓稠，调入食盐拌匀即可。

核桃枸杞粥

材料

大米80克，核桃仁、枸杞各20克

调味料

白糖3克，葱8克

制作方法

1. 大米洗净，泡发半小时后捞出沥干水分；核桃仁、枸杞均洗净；葱洗净，切花。
2. 锅置火上，倒入清水，放入大米煮至米粒开花。
3. 加入核桃仁、枸杞同煮至浓稠状，调入白糖，撒入葱花即可。

黑枣高粱粥

材料

黑枣20克，黑豆30克，高粱米60克

调味料

食盐2克

制作方法

1. 高粱米、黑豆均泡发1小时后，洗净捞起沥干水分；黑枣洗净。
2. 锅置火上，倒入清水，放入高粱米、黑豆煮至开花。
3. 加入黑枣同煮至浓稠状，调入食盐拌匀即可。

黑枣红豆糯米粥

材料

黑枣30克，红豆20克，糯米80克

调味料

白糖3克，葱花2克

制作方法

1. 糯米、红豆均洗净泡发；黑枣洗净。
2. 锅中入清水加热，放入糯米与红豆，以大火煮至米粒开花。
3. 加入黑枣同煮至浓稠状，调入白糖拌匀，撒上葱花即可。

红薯玉米粥

材料

红薯、玉米、玉米粉、南瓜、豌豆各30克，大米40克

调味料

食盐2克

制作方法

1. 玉米、大米泡发洗净；红薯、南瓜去皮洗净，切块；豌豆洗净。
2. 锅置火上，放入大米、玉米煮沸时，放入玉米粉、红薯、南瓜、豌豆。
3. 改用小火煮至粥成，加入食盐入味即可。

豌豆高粱粥

材料

红豆、豌豆各30克，高粱米70克

调味料

白糖4克

制作方法

1. 高粱米、红豆均泡发洗净；豌豆洗净。
2. 锅置火上，倒入清水，放入高粱米、红豆、豌豆一同煮开。
3. 待煮至粥浓稠时，调入白糖拌匀即可。

腰果糯米粥

材料

腰果20克，糯米80克

调味料

白糖3克，葱8克

制作方法

1. 糯米泡发洗净；腰果洗净；葱洗净，切花。
2. 锅置火上，倒入清水，放入糯米煮至米粒开花。
3. 加入腰果同煮至粥浓稠，调入白糖拌匀，撒入葱花即可。

高粱豌豆玉米粥

材料

高粱米60克，豌豆、玉米粒各30克，甘蔗汁适量

调味料

白糖4克

制作方法

1. 高粱米泡发洗净；玉米粒、豌豆均洗净。
2. 锅置火上，加入适量清水，放入高粱米、豌豆、玉米粒开大火煮开。
3. 倒入甘蔗汁，转小火煮至粥浓稠时，调入白糖拌匀即可。

芝麻花生杏仁粥

材料

黑芝麻10克，花生米、南杏仁各30克，大米60克

调味料

白糖4克，葱8克

制作方法

1. 大米泡发洗净；黑芝麻、花生米、南杏仁均洗净；葱洗净，再切花。
2. 锅置火上，倒入清水，放入大米、花生米、南杏仁一同煮开。
3. 加入黑芝麻同煮至浓稠状，调入白糖拌匀，撒入葱花即可。

黑米黑豆莲子粥

材料

糙米40克，燕麦30克，黑米、黑豆、红豆、莲子各20克

调味料

白糖5克

制作方法

1. 糙米、黑米、黑豆、红豆、燕麦均洗净，泡发；莲子洗净，泡发后，挑去莲心。
2. 锅置火上，加入适量清水，放入糙米、黑豆、黑米、红豆、莲子、燕麦开大火煮沸。
3. 转小火煮至各材料均熟，粥呈浓稠状时，调入白糖拌匀即可。

黑芝麻麦仁粥

材料

黑芝麻20克，麦仁80克

调味料

白糖3克

制作方法

1. 麦仁泡发洗净；黑芝麻洗净。
2. 锅置火上，倒入清水，放入麦仁煮开。
3. 加入黑芝麻同煮至浓稠状，调入白糖拌匀即可。

豌豆大米咸粥

材料

豌豆15克，大米110克

调味料

食盐2克，味精1克，香油少许

制作方法

❶ 豌豆洗净；大米泡发洗净。

❷ 锅置火上，倒入清水，放入大米用大火煮至米粒绽开。

❸ 放入豌豆，改用小火煮至粥浓稠时，调入食盐、味精、香油入味即可。

薏米豌豆粥

材料

薏米、豌豆各20克，大米70克，胡萝卜20克

调味料

白糖3克

制作方法

❶ 大米、薏米均泡发洗净；豌豆洗净；胡萝卜洗净后切粒。

❷ 锅置火上，倒入适量清水，放入大米、薏米、胡萝卜粒，以大火煮至米粒开花。

❸ 加入豌豆煮至浓稠状，调入白糖拌匀即可。

牛奶红枣豌豆粥

材料

大米100克，牛奶100毫升，红枣、豌豆适量

调味料

红糖5克

制作方法

❶ 大米洗净，用清水浸泡；红枣、豌豆洗净，并将红枣去核。

❷ 锅置火上，倒入大米、豌豆、红枣、牛奶，加入适量清水煮至粥将成时。

❸ 倒入牛奶稍煮，放入红糖调匀后即可。

芝麻牛奶粥

材料

熟黑芝麻、纯牛奶各适量，大米80克

调味料

白糖3克

制作方法

1. 大米泡发洗净。
2. 锅置火上，倒入清水，放入大米，煮至米粒开花。
3. 注入纯牛奶，加入熟黑芝麻同煮至浓稠状，调入白糖拌匀即可。

板栗桂圆粥

材料

板栗肉、桂圆肉、腰果各20克，粳米100克

调味料

白糖6克，葱少许

制作方法

1. 板栗肉、桂圆肉洗净；腰果泡发洗净；粳米泡发洗净。
2. 锅置火上，注入清水后，倒入粳米，用大火煮至米粒开花。
3. 放入板栗肉、桂圆肉、腰果，用中火煮至粥成，调入白糖入味，撒上葱花即可。

红薯小米粥

材料

红薯20克，小米90克

调味料

白糖4克

制作方法

1. 红薯去皮洗净，切成小块；小米泡发洗净备用。
2. 锅置火上，注入清水，放入小米，用大火煮至米粒绽开。
3. 放入红薯，用小火煮至粥浓稠时，调入白糖入味即可。

莲子红米粥

材料

莲子40克，红米80克

调味料

红糖10克

制作方法

1. 红米泡发洗净；莲子去心洗净。
2. 锅置火上，倒入清水，放入红米、莲子煮至开花。
3. 加入红糖同煮至浓稠状即可。

南瓜粥

材料

南瓜30克，大米90克

调味料

食盐2克，葱少许

制作方法

1. 大米泡发洗净；南瓜去皮洗净，切小块；葱洗净，切花。
2. 锅置火上，注入清水，放入大米煮至米粒绽开后，放入南瓜。
3. 用小火煮至粥成，调入食盐入味，撒上葱花即可。

莲子糯米蜂蜜粥

材料

糯米100克，莲子30克

调味料

蜂蜜少许

制作方法

1. 糯米、莲子洗净，用清水浸泡1小时。
2. 锅置火上，放入糯米、莲子，加入适量清水煮至米烂莲子熟。
3. 再放入蜂蜜调匀便可。

红枣双米粥

材料

红枣、桂圆各适量，黑米70克，薏米30克

调味料

白糖适量

制作方法

① 黑米、薏米均泡发洗净；桂圆洗净；红枣洗净，切片。

② 锅置火上，倒入清水，放入黑米、薏米煮开。

③ 加入桂圆、红枣同煮至浓稠状，调入白糖拌匀即可。

红枣红糖菊花粥

材料

大米100克，红枣30克，菊花瓣少许

调味料

红糖5克

制作方法

① 大米淘洗干净，用清水浸泡；菊花瓣洗净备用；红枣洗净，去核备用。

② 锅置火上，放入大米、红枣，加适量清水煮至九成熟。

③ 最后放入菊花瓣煮至米粒开花、粥浓稠时，加入红糖调匀即可。

红枣红米粥

材料

红米80克，红枣、枸杞各适量

调味料

红糖10克

制作方法

① 红米洗净泡发；红枣洗净，去核，切成小块；枸杞洗净，用温水浸泡至回软备用。

② 锅置火上，倒入清水，放入红米煮开。

③ 加入红枣、枸杞、红糖同煮至浓稠状即可。

养生粥

千百年来，养生粥一直为人们所喜爱并百吃不厌。粥可调节胃口，增进食欲，补充身体需要的水分。它味道鲜美、润喉易食，营养丰富又易于消化，是养生保健的佳品。每日早起，食粥一大碗，空腹胃虚，谷气便作，与肠胃相得，最为饮食之妙诀。养生粥把中药的治疗作用与米粥健脾补中气的食疗效果有机地结合起来，寓药粥于食补之中，具有祛病而不伤正气的特点。

白菜薏米粥

材料

大米、薏米各40克，芹菜、白菜各适量

调味料

食盐2克

制作方法

1. 大米、薏米均泡发洗净；芹菜、白菜均洗净，切碎。
2. 锅置火上，倒入清水，放入大米、薏米煮至开花。
3. 待煮至浓稠状时，加入芹菜、白菜稍煮，调入食盐调味即可。

蔬菜蛋白粥

材料

白菜、鲜香菇各20克，咸蛋白1个，大米、糯米各50克

调味料

食盐1克，葱花、香油各适量

制作方法

1. 大米、糯米洗净，用清水浸泡半小时；白菜、鲜香菇洗净，切丝；咸蛋白切块。
2. 锅置火上，注入清水，放入大米、糯米煮至八成熟。
3. 放入鲜香菇、咸蛋白煮至粥将成，放入白菜稍煮，待黏稠时，加入食盐、香油调匀，撒入葱花即可。

菠菜玉米枸杞粥

材料

菠菜、玉米粒、枸杞各15克，大米100克

调味料

食盐3克，味精1克

制作方法

1. 大米泡发洗净；枸杞、玉米粒洗净；菠菜择去根洗净，切成碎末。
2. 锅置火上，注入清水后，放入大米、玉米、枸杞用大火煮至米粒开花。
3. 再放入菠菜，用小火煮至粥成，调入食盐、味精入味即可。

芹菜枸杞叶粥

材料

新鲜枸杞叶、新鲜芹菜各15克，大米100克

调味料

食盐2克，味精1克

制作方法

1. 枸杞叶、芹菜洗净，切碎片；大米泡发洗净。
2. 锅置火上，注水后，放入大米，用旺火煮至米粒开花。
3. 放入枸杞叶、芹菜，改用小火煮至粥成，加入食盐、味精调味即可。

黄瓜胡萝卜粥

材料

黄瓜、胡萝卜各15克，大米90克

调味料

食盐3克，味精少许

制作方法

1. 大米泡发洗净；黄瓜、胡萝卜洗净，切成小块。
2. 锅置火上，注入清水，放入大米，煮至米粒开花。
3. 放入黄瓜、胡萝卜，改小火煮至粥成，调入食盐、味精入味即可。

南瓜薏米粥

材料

南瓜40克，薏米20 克，大米70克

调味料

食盐2克，葱花8克

制作方法

1. 大米、薏米均泡发洗净；南瓜去皮洗净，切丁。
2. 锅置火上，倒入清水，放入大米、薏米，以大火煮开。
3. 加入南瓜煮至浓稠，调入食盐拌匀，撒入葱花即可。

南瓜银耳粥

材料

南瓜20克，银耳40克，大米60克

调味料

白糖5克，葱花少许

制作方法

1. 大米泡发洗净；南瓜去皮洗净，切小块；银耳泡发洗净，撕成小朵。
2. 锅置火上，注入清水，放入大米、南瓜煮至米粒绽开后，再放入银耳。
3. 用小火煮至粥浓稠闻见香味时，调入白糖入味，撒上葱花即可。

枸杞南瓜粥

材料

南瓜20克，粳米100克，枸杞15克

调味料

白糖5克

制作方法

1. 粳米泡发洗净；南瓜去皮洗净，切块；枸杞洗净。
2. 锅置火上，注入清水，放入粳米，用大火煮至米粒绽开。
3. 放入枸杞、南瓜，用小火煮至粥成，调入白糖入味即可。

双瓜糯米粥

材料

南瓜、黄瓜各适量，糯米粉20克，大米90克

调味料

食盐2克

制作方法

1. 大米泡发洗净；南瓜去皮洗净，切小块；黄瓜洗净切小块；糯米粉加适量温水搅匀成糊。
2. 锅置火上，注入清水，放入大米、南瓜煮至米粒绽开后，再放入搅成糊的糯米粉稍煮。
3. 下入黄瓜，改小火煮至粥成，调入食盐入味，即可食用。

冬瓜竹笋粥

材料

大米100克，山药、冬瓜、竹笋各适量

调味料

食盐2克，葱少许

制作方法

1. 大米洗净；山药、冬瓜去皮洗净，均切小块；竹笋洗净，切片；葱洗净，切花。
2. 锅注水后放入大米，煮至米粒绽开后，放入山药、冬瓜、竹笋。
3. 改小火，煮至粥浓稠时，放入食盐调味，撒入葱花即可。

南瓜百合粥

材料

南瓜、百合各30克，糯米、糙米各40克

调味料

白糖5克

制作方法

1. 糯米、糙米均泡发洗净；南瓜去皮洗净，切丁；百合洗净，切片。
2. 锅置火上，倒入清水，放入糯米、糙米、南瓜煮开。
3. 加入百合同煮至浓稠状，调入白糖拌匀即可。

豆腐木耳粥

材料

豆腐、黑木耳各适量，大米90克

调味料

食盐2克，姜丝、蒜片、味精、葱花、香油各适量

制作方法

1. 大米泡发洗净；黑木耳泡发洗净；豆腐洗净，切块；姜丝、蒜片洗净。
2. 锅置火上，注入清水，放入大米用大火煮至米粒绽开，放入黑木耳、豆腐。
3. 再放入姜丝、蒜片，改小火煮至粥成，放入香油，调入食盐、味精入味，撒入葱花即可。

豆腐香菇粥

材料

水发香菇、豆腐各适量，大米100克

调味料

食盐3克，味精1克，香油4毫升，姜丝、蒜片、葱各少许

制作方法

1. 大米泡发洗净，豆腐洗净，切块；香菇洗净，切条；葱洗净，切花；姜丝、蒜片洗净。
2. 锅置火上，注入清水，放入大米煮至米粒绽开后，放入香菇、豆腐、姜丝、蒜片同煮。
3. 煮至粥成闻见香味后，淋入香油，调入食盐、味精入味，撒上葱花即可。

豆腐杏仁花生粥

材料

豆腐、南杏仁、花生仁各20克，大米110克

调味料

食盐2克，味精、葱花各1克

制作方法

1. 南杏仁、花生仁洗净；豆腐洗净，切小块；大米洗净，泡发半小时。
2. 锅置火上，注水后，放入大米用大火煮至米粒开花。
3. 放入南杏仁、豆腐、花生仁，改小火煮至粥浓稠时，调入食盐、味精，撒入葱花即可。

核桃红枣木耳粥

材料

核桃仁、红枣、黑木耳各适量，大米80克

调味料

白糖4克

制作方法

1. 大米泡发洗净；黑木耳泡发，洗净，切丝；红枣洗净，去核，切成小块；核桃仁洗净。
2. 锅置火上，倒入清水，放入大米煮至米粒绽开。
3. 加入木耳、红枣、核桃仁同煮至浓稠状，调入白糖拌匀即可。

百合南瓜大米粥

材料

南瓜、百合各20克，大米90克

调味料

食盐2克

制作方法

1. 大米洗净，泡发半小时后捞起沥干；南瓜去皮洗净，切成小块；百合洗净，削去边缘黑色部分备用。
2. 锅置火上，注入清水，放入大米、南瓜，用大火煮至米粒开花。
3. 再放入百合，改小火煮至粥浓稠时，调入食盐调味即可。

扁豆山药粥

材料

扁豆20克，山药30克，红腰豆10克，大米90克

调味料

葱少许，食盐2克

制作方法

1. 扁豆洗净，切段；红腰豆洗净；山药去皮洗净，切块；大米洗净，泡发；葱洗净，切花。
2. 锅置火上，注水后，放入大米、红腰豆、山药，用大火煮至米粒绽开，放入扁豆。
3. 用小火煮至粥浓稠时，放入食盐调味，撒上葱花即可。

山药枣荔粥

材料

山药、荔枝各30克，红枣10克，大米100克

调味料

冰糖5克，葱花少许

制作方法

1. 大米淘洗干净，用清水浸泡；荔枝去壳洗净；山药去皮洗净切小块，汆水后捞出；红枣洗净，去核备用。
2. 锅置火上，注入清水，放入大米煮至八成熟。
3. 放入荔枝、山药、红枣煮至米烂，放入冰糖熬融后调匀，撒入葱花即可。

山药枸杞甜粥

材料

山药30克，枸杞15克，大米100克

调味料

白糖10克

制作方法

1. 大米泡发洗净；山药去皮洗净，切块；枸杞泡发洗净。
2. 锅中注水，放入大米，用大火煮至米粒绽开，放入山药、枸杞。
3. 改小火煮至粥成闻见香味时，放入白糖调味即可。

山药白菜薏米粥

材料

山药、薏米各20克，白菜30克，大米70克

调味料

食盐2克

制作方法

1. 大米、薏米均泡发洗净；山药洗净；白菜洗净，切丝。
2. 锅中注水，放入大米、薏米、山药，以大火煮开。
3. 加入白菜煮至浓稠状，调入食盐调味即可。

莲子百合糯米粥

材料

莲子、百合、胡萝卜各15克，糯米100克

调味料

食盐3克，味精1克

制作方法

1. 糯米洗净；百合洗净；莲子泡发洗净；胡萝卜洗净，切丁。
2. 锅置火上，注入清水，放入糯米，用大火煮至米粒绽开。
3. 放入百合、莲子、胡萝卜，改小火煮至粥成，加入食盐、味精调味即可。

莲子桂圆糯米粥

材料

莲子、桂圆肉各25克，糯米100克

调味料

白糖5克，葱花少许

制作方法

1. 糯米淘洗干净，放入清水中浸泡；莲子、桂圆肉洗净。
2. 锅置火上，注入清水，放入糯米、莲子煮至粥将成。
3. 放入桂圆肉煮至米粒开花后加入白糖调匀，撒入葱花即可。

莲藕豌豆粥

材料

莲藕20克，豌豆10克，糯米100克

调味料

白糖7克

制作方法

1. 糯米泡发洗净；莲藕刮净外皮洗净切片；豌豆洗净。
2. 锅置火上，注入清水后，放入糯米、豌豆用旺火煮至米粒绽开。
3. 再下入藕片，用小火煮至粥成，调入白糖入味即可。

花生芦荟粥

材料

大米100克，芦荟、花生米各20克

调味料

食盐2克，味精少许

制作方法

1. 大米泡发洗净；芦荟洗净，切小片；花生米洗净泡发。
2. 锅置火上，注入清水后，放入大米、花生米煮至将熟。
3. 再放入芦荟，用小火煮至粥成，调入食盐、味精入味即可。

绿豆杨梅糯米粥

材料

绿豆、杨梅各适量，糯米80克

调味料

白糖10克，食盐适量

制作方法

1. 糯米、绿豆洗净泡发2小时；杨梅用淡盐水洗净。
2. 锅置火上，注入清水，放入绿豆、糯米煮至熟烂。
3. 再放入杨梅煮至粥成后，调入白糖入味即可。

木耳山药粥

材料

水发木耳20克，山药30克，大米100克

调味料

食盐2克，味精1克，香油5毫升，葱少许

制作方法

1. 大米洗净泡发；山药去皮洗净，切块；水发木耳洗净，切丝；葱洗净，切花。
2. 锅置火上，注入清水后，放入大米用大火煮至米粒绽开，放入山药、木耳。
3. 改用小火煮至粥成，调入食盐、味精调味，淋入香油，撒上葱花即可。

香菇鸡翅大虾粥

材料

鸡翅50克，大虾30克，香菇20克，青菜10克，大米120克

调味料

料酒5毫升，食盐3克

制作方法

1. 大虾洗净，取肉；香菇泡发，洗净，切片；青菜洗净，切碎；鸡翅洗净，打上花刀，用料酒、食盐腌制；大米淘净，泡好。
2. 大米倒入锅中，加适量清水，大火煮沸，下入大虾、鸡翅、香菇，转中火煮至米粒开花。
3. 转小火，下入青菜，待粥熬好，调入食盐调味即可。

香菇瘦肉粥

材料

猪瘦肉、香菇各100克，大米80克

调味料

葱白5克，生姜3克，食盐2克，味精2克，香油适量

制作方法

1. 香菇洗净，对切；猪瘦肉洗净，切丝，用食盐、淀粉腌渍片刻；大米淘净，浸泡半小时。
2. 锅中放入大米，加清水，大火烧开，改中火，下入猪肉、香菇、生姜、葱白，煮至肉熟。
3. 小火慢煮成粥，下入食盐、味精调味，淋入香油即可。

莲子红枣猪肝粥

材料

莲子30克，红枣30克，猪肝50克，枸杞15克，大米75克

调味料

食盐2克，味精3克，葱花适量

制作方法

1. 莲子洗净，浸泡半小时，去莲心；红枣洗净，对切；枸杞洗净；猪肝洗净，切片；大米淘净，泡好。
2. 锅中注水，下入大米，旺火烧开，下入红枣、莲子、枸杞，转中火熬煮。
3. 改小火，下入猪肝，熬煮成粥，加入食盐、味精调味，撒入葱花即可。

黄花菜瘦肉枸杞粥

材料

干黄花菜50克，猪瘦肉100克，枸杞少许，大米80克

调味料

食盐、味精、姜末、葱花各适量

制作方法

1. 猪瘦肉洗净，切丝；干黄花菜用温水泡发，切成小段；枸杞洗净；大米淘净，浸泡半小时后捞出沥干水分。
2. 锅中注水，下入大米、枸杞，大火烧开，改中火，倒入猪肉、黄花菜、姜末，煮至肉熟。
3. 文火将粥熬好，调入食盐、味精调味，撒入葱花即可。

银杏瘦肉玉米粥

材料

银杏、猪瘦肉、玉米粒各30克，红枣10克，大米适量

调味料

食盐3克，味精1克，葱花少许

制作方法

1. 玉米粒拣尽杂质，洗净；猪瘦肉洗净，切丝；红枣洗净，去核，切碎；大米淘净，泡好；银杏去外壳，入锅中煮熟，剥去外皮，切掉两头，取心。
2. 锅中注水，下入大米、玉米粒、银杏、红枣，旺火烧开，改中火，下入肉丝煮至熟。
3. 熬煮成粥，加入食盐、味精，撒上葱花即可。

青豆排骨粥

材料

大米80克，猪排骨400克，青豆50克，生菜30克

调味料

食盐、味精、姜末、葱花各适量

制作方法

1. 大米淘净，泡半小时；猪排骨洗净，砍成小块，入开水中汆烫捞出；青豆洗净；生菜洗净，切碎。
2. 将排骨放入砂锅中，加入适量清水和姜末煮开，再放入大米、青豆一起烧开。
3. 改小火煮成粥，下入生菜拌匀，调入食盐、味精调味，撒入葱花即可。

山楂猪骨粥

材料

干山楂50克，猪骨头500克，大米80克

调味料

食盐3克，味精2克，料酒5毫升，香醋6毫升，葱花5克

制作方法

1. 干山楂用温水泡发，洗净；猪骨洗净，斩件，入沸水汆烫，捞出；大米淘净，泡好。
2. 猪骨入锅，加入清水、料酒，旺火烧开，滴入香醋，下入大米至米粒开花，转中火熬煮。
3. 转小火，放入山楂，熬煮成粥，加入食盐、味精调味，撒入葱花即可。

香菇牛肉青豆粥

材料

大米100克，牛肉50克，香菇30克，鸡蛋1个，青豆30克

调味料

食盐3克，鸡精2克，葱花适量

制作方法

1. 香菇洗净，切成细丝；大米淘净，泡好；鸡蛋打入碗中，搅拌均匀；青豆洗净；牛肉洗净，切丝。
2. 锅中注水，下入大米，旺火烧沸，下入香菇、青豆，转中火熬煮。
3. 等粥熬出香味，下入牛肉丝、鸡蛋液煮熟，调入食盐、鸡精调味，撒入葱花即可。

双色萝卜羊肉粥

材料

胡萝卜30克，白萝卜30克，羊肉80克，大米100克

调味料

食盐3克，味精1克，香醋8毫升，葱花少许

制作方法

1. 胡萝卜、白萝卜均去皮洗净切块；羊肉洗净切片，入开水中汆烫，捞出；大米淘净，泡好。
2. 锅中注水，下入大米，大火煮开，下入胡萝卜、白萝卜，转中火熬煮至米粒开花。
3. 下入羊肉片煮熟，加入食盐、味精、香醋调味，撒入葱花即可。

荔枝红枣糯米粥

材料

桂圆、荔枝各20克，红枣10克，糯米100克

调味料

冰糖5克

制作方法

1. 糯米淘洗净，再用清水浸泡；桂圆、荔枝去壳，取肉，再去核洗净；红枣洗净，去核备用。
2. 锅置火上，放入糯米，加适量清水煮至八成熟。
3. 再放入桂圆肉、荔枝肉、红枣煮至米粒绽开，放入冰糖熬融后调匀即可。

桂圆麦仁糯米粥

材料

麦仁、糯米各40克，桂圆肉、红枣各15克，青菜适量

调味料

白糖3克

制作方法

1. 麦仁、糯米均泡发洗净；桂圆肉洗净；红枣洗净，去核，切成小块；青菜洗净，切成细丝。
2. 锅置火上，加入适量清水，放入糯米、麦仁煮开。
3. 加入桂圆、红枣同煮至浓稠，再撒入青菜丝，调入白糖拌匀即可。

燕窝灵芝粥

材料

猪瘦肉100克，燕窝30克，灵芝10克，大米120克，青菜适量

调味料

食盐3克，鸡精1克，葱花2克

制作方法

1. 燕窝用温水泡发洗净，撕片；猪瘦肉洗净，切条；灵芝洗净，掰小块；青菜洗净，切碎；大米淘净，泡好。
2. 锅中注水，下入燕窝、大米煮开，改中火，下入猪肉、灵芝，煮至肉熟。
3. 改小火，放入青菜，待粥熬好，调入食盐、鸡精调味，撒入葱花即可。

猪腰枸杞羊肉粥

材料

猪腰80克，枸杞叶50克，枸杞10克，羊肉55克，大米120克

调味料

姜末3克，食盐2克，鸡精3克，葱花适量

制作方法

1. 猪腰洗净，剖开，去除腰臊，切上十字花刀；羊肉洗净，切片；大米、枸杞淘净；枸杞叶洗净，切碎。
2. 大米、枸杞入锅，倒入适量清水，大火煮开，下入羊肉、猪腰、姜末，转中火熬煮。
3. 待粥熬煮好，放入枸杞叶拌匀，加入食盐、鸡精调味，放入葱花即可。

猪腰黑米花生粥

材料

猪腰50克，黑米30克，花生米、薏米、红豆、绿豆各20克

调味料

食盐3克，葱花5克

制作方法

1. 猪腰洗净，去腰臊，切花刀；花生米洗净；其他原材料淘净，泡3小时。
2. 将泡好的原材料入锅，加入清水煮沸，下入花生米，中火熬煮半小时。
3. 等黑米煮至开花，放入猪腰，待猪腰变熟，调入食盐调味，撒入葱花即可。

黄豆蹄筋粥

材料

大米80克，水发牛蹄筋120克，黄豆60克

调味料

食盐3克，鸡精2克，葱花适量

制作方法

1. 大米淘净，浸泡半小时后捞出沥干水分；黄豆拣去杂质，浸泡至外皮皱起后捞出；牛蹄筋洗净，切条。
2. 锅中注水，下入大米，大火烧开，下入牛蹄筋、黄豆，转中火熬煮至米粒开花。
3. 待粥熬煮出香味，调入食盐、鸡精调味，撒入葱花即可。

胡萝卜小米粥

材料

小米100克，鸡蛋1个，胡萝卜20克

调味料

食盐3克，香油、胡椒粉、葱花少许

制作方法

1. 小米洗净；胡萝卜洗净切丁；鸡蛋煮熟后切碎。
2. 锅置火上，注入清水，放入小米、胡萝卜煮至八成熟。
3. 下鸡蛋煮至米粒开花，加入食盐、香油、胡椒粉，撒入葱花即可。

三宝蛋黄糯米粥

材料

糯米50克，薏米、芡实各25克，山药20克，熟鸡蛋黄1个

调味料

食盐3克，香油、葱花各适量

制作方法

1. 糯米、薏米、芡实洗净，用清水浸泡；山药去皮洗净，切小片后焯水捞出。
2. 锅置火上，注入清水，放入糯米、薏米、芡实煮至八成熟。
3. 放入山药煮至米粒开花，倒入切碎的鸡蛋黄，加入食盐、香油调匀，撒入葱花即可。

鲫鱼糯米粥

材料

糯米100克，鲫鱼50克

调味料

食盐3克，味精2克，料酒、姜丝、枸杞、葱花、香油各适量

制作方法

1. 糯米洗净，放入清水中浸泡；鲫鱼剖洗净后切小片，用料酒腌渍去腥。
2. 锅置火上，注入清水，放入大米煮至五成熟。
3. 放入鱼肉、枸杞、姜丝煮至粥将成，加入食盐、味精、香油调味，撒入葱花便可。

山药人参鸡肝粥

材料

山药100克，人参1根，鸡肝120克，大米80克

调味料

食盐3克，鸡精1克，葱花少许

制作方法

1. 山药洗净，去皮，切片；人参洗净；大米淘净，泡好；鸡肝用水泡洗干净，切片。
2. 大米放入锅中，倒入适量清水，旺火煮沸，放入山药、人参，转中火熬煮至米粒绽开。
3. 再下入鸡肝，慢火将粥熬至浓稠，加入食盐、鸡精调味，撒入葱花即可。

香菇鹅肉糯米粥

材料

香菇100克，鹅肉200克，火腿60克，糯米80克

调味料

食盐3克，味精2克，葱花适量

制作方法

1. 糯米淘净，浸泡半小时；火腿去皮，切片；香菇洗净，泡发，切成片；鹅肉洗净，切块，入锅炖好。
2. 锅中注水，下入糯米以大火煮沸，放入香菇，转中火熬煮至米粒软散。
3. 下入鹅肉、火腿，改小火，待粥熬出香味，调入食盐、味精调味，撒入葱花即可。

当归鹌鹑枸杞粥

材料

茶树菇、当归、枸杞适量，鹌鹑1只，大米50克

调味料

食盐3克，料酒、花生油、香油、姜丝、葱花各适量

制作方法

1. 大米淘洗干净，放入清水中浸泡；鹌鹑洗净切小块；茶树菇、当归、枸杞洗净。
2. 油锅烧热，放入鹌鹑，烹入料酒，加食盐炒熟盛出。
3. 锅置火上，注入清水，放入大米煮至五成熟，放入鹌鹑、茶树菇、当归、枸杞、姜丝煮至米粒绽开后关火，加入食盐、香油调匀，撒入葱花即可。

菊花鳜鱼粥

材料

大米100克，菊花瓣少许，鳜鱼50克

调味料

食盐3克，味精2克，料酒、姜丝、香油、葱花、枸杞各适量

制作方法

1. 大米淘洗干净，放入清水中浸泡；鳜鱼洗净后切块，用料酒腌渍去腥；菊花瓣洗净。
2. 锅置火上，放入大米，加适量清水煮至五成熟。
3. 放入鳜鱼、枸杞、姜丝煮至粥将成，放入菊花瓣稍煮，加入食盐、味精、香油调味，撒入葱花即可。

鳗鱼猪排粥

材料

大米80克，鳗鱼、猪排、花生米、腐竹各25克

调味料

食盐3克，葱花、香油、料酒各适量

制作方法

1. 大米洗净，放入清水中浸泡；鳗鱼剖洗净切小片，用料酒腌渍；猪排洗净剁小块，放入沸水中汆去血水；花生米洗净；腐竹泡发，洗净，切成小段。
2. 锅中注入适量清水，放入大米煮至六成熟。
3. 放入鳗鱼、猪排、花生米、腐竹煮至米粒开花，加入食盐、香油调匀，撒入葱花即可。

鳝鱼红枣粥

材料

鳝鱼50克，红枣10克，大米100克

调味料

食盐3克，鸡精2克，料酒、姜末、香油、胡椒粉、香菜叶各适量

制作方法

1. 大米淘洗干净，用清水浸泡；红枣洗净；鳝鱼剖洗净后切段，用料酒腌渍去腥。
2. 锅置火上，注入清水，放入大米、鳝鱼段、姜末煮至五成熟。
3. 放入红枣煮至粥将成，加入食盐、鸡精、香油、胡椒粉调匀，撒上香菜叶即可。

龟肉核桃粥

材料

大米100克，核桃仁20克，龟肉50克

调味料

食盐3克，料酒、葱花、色拉油、枸杞各适量

制作方法

1. 大米洗净，入水中浸泡；核桃仁洗净；龟肉洗净，剁成小块。
2. 油锅烧热，下入龟肉块、核桃仁炒3分钟后，加入食盐炒入味盛出。
3. 净锅注水，放入大米煮至七成熟，再放入龟肉、核桃仁、枸杞煮至米粒绽开，加入食盐调味，撒入葱花即可。

茯苓红枣粥

材料

大米100克，茯苓10克，红枣15克，青菜适量

调味料

食盐2克

制作方法

1. 大米洗净，再倒入清水中浸泡半小时后捞出沥干水分；红枣洗净；茯苓洗净；青菜洗净，切丝。
2. 锅置火上，倒入清水，放入大米、红枣，以大火煮开。
3. 再加入茯苓同煮至熟，以小火煮至浓稠状，撒上青菜，调入食盐调味即可。

芦荟红枣粥

材料

芦荟、红枣各20克，大米100克

调味料

白糖6克

制作方法

1. 大米泡发洗净；芦荟去皮，洗净，切成小片；红枣去核洗净，切成瓣。
2. 锅置火上，注入清水，放入大米，用大火煮至米粒绽开。
3. 放入芦荟、红枣，改小火煮至粥成，调入白糖入味即可。

羊肉锁阳粥

材料

锁阳15克，精羊肉100克，大米80克

调味料

料酒8毫升，生抽6毫升，姜末10克，食盐3克，味精1克，葱花少许

制作方法

1. 精羊肉洗净，切片，用料酒、生抽腌渍；大米淘净，泡好；锁阳洗净。
2. 锅中注水，下入大米，大火煮开，下入羊肉、锁阳、姜末，转中火熬煮至米粒软散。
3. 转小火熬煮成粥，加入食盐、味精调味，撒入葱花即可。

田七何首乌粥

材料

田七、何首乌各8克，葡萄干适量，粳米100克

调味料

冰糖10克，葱少许

制作方法

1. 田七、何首乌放入锅中，倒入一碗水熬至半碗，去渣取沙待用；葡萄干洗净；粳米泡发洗净。
2. 锅置火上，注水后，放入粳米，用大火煮至米粒开花。
3. 倒入熬好的田七、何首乌汁，放入葡萄干，用小火熬至粥成闻见香味，放入冰糖入味，撒入葱花即可。

菠菜玉米枸杞粥

材料

菠菜、玉米粒、枸杞各15克，大米100克

调味料

食盐3克，味精1克

制作方法

① 大米泡发洗净；枸杞、玉米粒洗净；菠菜择去根洗净，切成碎末。

② 锅置火上，注入清水后，放入大米、玉米粒、枸杞用大火煮至米粒开花。

③ 再放入菠菜，用小火煮至粥成，调入食盐、味精入味即可。

芹菜枸杞叶粥

材料

新鲜枸杞叶、新鲜芹菜各15克，大米100克

调味料

食盐2克，味精1克

制作方法

① 枸杞叶、芹菜洗净，切碎片；大米泡发洗净。

② 锅置火上，注入清水后，放入大米，用旺火煮至米粒绽开。

③ 放入枸杞叶、芹菜，改用小火煮至粥成，加入食盐、味精调味即可。

丝瓜胡萝卜粥

材料

鲜丝瓜30克，胡萝卜少许，大米100克

调味料

白糖7克

制作方法

① 鲜丝瓜去皮洗净，切片；胡萝卜洗净，切丁；白米泡发洗净。

② 锅置火上，注入清水，放入白米，用大火煮至米粒绽开。

③ 放入丝瓜、胡萝卜，用小火煮至粥成，放入白糖调味即可。

白菜芹菜薏米粥

材料

大米、薏米各40克，芹菜、白菜各适量

调味料

食盐2克

制作方法

1. 大米、薏米均泡发洗净；芹菜、白菜均洗净，切碎。
2. 锅置火上，倒入清水，放入大米、薏米煮至米粒绽开。
3. 待煮至浓稠状时，加入芹菜、白菜稍煮，调入食盐拌匀即可。

包菜芦荟粥

材料

大米100克，芦荟、包菜各20克，枸杞少许

调味料

食盐3克

制作方法

1. 大米泡发洗净；芦荟洗净，切片；包菜洗净切丝；枸杞洗净。
2. 锅置火上，注入清水后，放入大米用大火煮至米粒绽开，放入芦荟、包菜、枸杞。
3. 用小火煮至粥成，调入食盐调味即可。

黄瓜胡萝卜粥

材料

黄瓜、胡萝卜各15克，大米90克

调味料

食盐3克，味精少许

制作方法

1. 大米泡发洗净；黄瓜、胡萝卜洗净，切成小块。
2. 锅置火上，注入清水，放入大米，煮至米粒开花。
3. 放入黄瓜、胡萝卜，改用小火煮至粥成，调入食盐、味精调味即可。

PART4

营养好吃香米饭

米饭可以说是人们日常饮食中绝对的主角。山珍海味可以不吃，琼浆玉液可以不喝，但不可一日无米饭，对于南方人来说尤其如此。米饭营养虽然普通，但是比较全面，它几乎可以提供我们人体所需的全部营养。米饭除了可以搭配各种炒菜食用外，只要稍加辅料拌炒便可成为一道美味，例如家喻户晓的蛋炒饭以及享誉全国的扬州炒饭。

一般人都可食用，尤其适合男性食用。

扬州炒饭

功效 开胃消食

食用禁忌 脾胃功能不佳者不宜多食。

青豆富含B族维生素、铜、锌、镁、钾、膳食纤维，不含胆固醇，常食可预防心血管疾病，并减少癌症发生几率，每天吃两盘青豆，可降低血液中的胆固醇。青豆还富含不饱和脂肪酸和大豆磷脂，有保持血管弹性、健脑和防止脂肪肝形成的作用。

青豆含有丰富的蛋白质、叶酸、膳食纤维和人体必需的多种氨基酸，尤以赖氨酸含量为高。青豆能补肝养胃，滋补强壮，有助于长筋骨，悦颜面，有乌发明目、延年益寿等功效。

烹饪提示： 玉米与青豆搭配可提高人体对蛋白质的利用率。青豆在烹调时不宜久煮，否则会变色。

材料

米饭500克，鸡蛋2个，青豆50克，鲜玉米粒40克，鲜虾仁40克，三明治火腿粒40克

调味料

食盐、白糖、生抽、香油、花生油、葱花各适量

详细做法

1. 鸡蛋打散后均匀地拌入米饭中；青豆、鲜玉米粒、鲜虾仁、三明治火腿粒洗净后用开水焯熟捞起。
2. 烧锅下油，放入拌有鸡蛋的米饭在锅中翻炒，加入焯熟的青豆、玉米粒、虾仁、三明治火腿粒翻炒，再加入所有调味料炒匀即可。

常识链接

煮青豆的小技巧

煮青豆要后放食盐。青豆含有丰富的蛋白质，在烹调时不可先放食盐，否则会使青豆表面的蛋白质凝固，无法吸水膨胀，不易熟透。

关于青豆的小常识

青豆是经典炒饭中常常出现的一种食材，因为处理起来方便，而且营养丰富，所以也是家庭制作炒饭的常见配菜。选购时，要注意颜色越绿的青豆所含的叶绿素越多。建议尽量购买新鲜的青豆制作，如果因为季节的关系，无法获得新鲜青豆的话，则建议食用冷冻青豆。

冷冻青豆虽然在口感上会比新鲜青豆差一点，但尚能保存部分营养素的完整性。而罐头青豆则因在生产过程中流失了较多的营养素，因而不建议选用。

一般人都可食用，尤其适合男性食用。

干贝蛋炒饭

功效 降低血糖

食用禁忌 腹泻者忌食。

干贝的营养价值非常高，它含有多种人体必需的营养。首先干贝含有丰富多样的氨基酸，如氨基乙酸、丙氨酸和谷氨酸，同时它也含有丰富的核酸，例如次黄苷酸；氨基酸的副产品，例如牛黄磷酸；各种各样的矿物质，例如钙和锌。干贝不愧为能和鲍鱼、海参媲美的优质食材。

烹饪提示：干贝与香肠不能同食。干贝含有丰富的胺类物质，香肠含有亚硝食盐，两种食物同吃会结合成亚硝胺，对人体有害。

材料

米饭200克，干贝3粒，鸡蛋1个

调味料

食盐2克，葱花3克，花生油20毫升

详细做法

1. 干贝泡软，剥成细丝；鸡蛋打成蛋液。
2. 油锅加热，下干贝丝炒至酥黄，再将白饭、蛋液倒入炒散，并加入食盐调味。
3. 炒至饭粒变干且晶莹发亮，撒入葱花即可。

常识链接

如何巧挑干贝

有的人喜欢食用干贝但不一定会挑选。干贝大都是进口产品，选购时应注意：①颜色鲜黄，不能转黑或转白，有白霜的鲜味较浓。②形状尽量完整，呈短圆柱形，坚实饱满，肉质干硬。③不要有不完整的裂缝。

优质新鲜的干贝呈淡黄色，如小孩拳头般大小。粒小者次之，颜色发黑者再次之。干贝放的时间越长越不好。

食用干贝需要注意什么

过量食用干贝会影响肠胃的运动消化功能，导致食物积滞，难以消化吸收。干贝蛋白质含量高，多食可能会引发皮疹。干贝所含的谷氨酸钠是味精的主要成分，可分解为谷氨酸和酪氨酸等，在肠道细菌的作用下，转化为有毒、有害物质，会干扰大脑神经细胞的正常代谢，因此一定要适量食用。

干贝烹调前应用温水浸泡胀发，或用少量清水加黄酒、姜、葱隔水蒸软，然后烹制入肴。

一般人都可食用，尤其适合儿童食用。

海鲜炒饭

功效 开胃消食
食用禁忌 皮肤过敏及瘙痒者忌食。

鱿鱼是有益健康的食物，有调节血压、保护神经纤维、活化细胞的作用，经常食用鱿鱼能延缓身体衰老。鱿鱼有滋阴养胃、补虚润肤的功效，它对肝脏具有解毒、排毒功效。鱿鱼含有大量的矿物质，如钙、磷及维生素B1等维持人体健康所必需的营养成分。

烹饪提示：食用新鲜鱿鱼时一定要去除内脏，因为其内脏中含有大量的胆固醇。
鱿鱼需要煮熟透后再食，因为鲜鱿鱼中含有多肽，若未煮透就食用，会导致肠运动失调。

材料

咸蛋黄2个，露笋、虾仁、鲜鱿各50克，石斑鱼、带子各25克，鸡蛋1个，米饭200克

调味料

食盐3克，鸡精5克，胡椒粉少许，花生油适量

详细做法

1. 将咸蛋黄蒸熟后取出，搅成蛋碎；将所有海鲜洗净切粒，过油；露笋洗净，切段焯水。
2. 鸡蛋去壳打散成蛋液。
3. 净锅烧热，加入花生油炒鸡蛋液，加入米饭略炒后，再加入咸蛋黄及所有原材料，大火炒匀至干后，加入食盐、鸡精、胡椒粉炒匀即可。

常识链接

挑选鲜鱿鱼有什么窍门

优质鱿鱼体形完整坚实，呈粉红色，有光泽，体表略现白霜，肉肥厚，半透明，背部不红；劣质鱿鱼体形瘦小残缺，颜色赤黄略带黑，无光泽，表面白霜过厚，背部呈黑红色或霉红色。

如何巧去鱿鱼皮

鱿鱼放入加有100克白醋的水中浸泡3分钟，用刀在鱼背上划两刀，用手捏住鱿鱼的头向下拉，这样就能把鱿鱼背上的皮拉掉，再把鱿鱼其他部位的皮剥掉就可以了。

切鱿鱼花有什么窍门

要使鱿鱼烹饪出来呈卷筒状，切的时候应当切鱿鱼的里面，如果切外面，烹饪出来就是直板状。切时先按45° 切出平行的花纹，注意不要切开，只要切到肉厚的3/4处即可；然后根据切好的平行花纹，旋转90° 继续切，漂亮的花刀就完成了。这样烹饪出来的鱿鱼便是花状的。

一般人都可食用，尤其适合女性食用。

包菜烧肉饭

功效 增强免疫力
食用禁忌 腹泻者忌食。

包菜防衰老、抗氧化的效果与芦笋、花菜同样处在较高的水平。包菜的营养价值与大白菜相差无几，其中维生素C的含量还要高出一倍左右。此外，包菜富含叶酸，这是甘蓝类蔬菜的一个优点，所以，怀孕的妇女及贫血患者应多吃包菜。包菜也是重要的美容品。包菜能提高人体免疫力，预防感冒，保障癌症患者的生活质量。在抗癌蔬菜中，包菜排在第五位。

烹饪提示：包菜不要烹调过度，以免影响口感。

材料

米饭200克，辣白菜、五花肉片、洋葱片、胡萝卜丝、豆芽、青椒丝、包菜丝、熟芝麻各适量

调味料

食盐2克，葱、料酒、花生油、凉面汁各适量

详细做法

1. 豆芽洗净；葱洗净切花。
2. 油锅烧热，入五花肉稍炒，加入青椒、洋葱片、胡萝卜丝、豆芽、包菜丝炒匀，调入料酒、食盐炒匀。
3. 将已炒好的菜及米饭装入碗内，再在菜上撒入熟芝麻、葱花，配上辣白菜、凉面汁即可。

常识链接

包菜有哪些特殊功效

新鲜的包菜中含有植物杀菌素，有抑菌消炎的作用，对咽喉疼痛、外伤肿痛、蚊叮虫咬、胃痛、牙痛有一定的作用。包菜中含有某种溃疡愈合因子，能加速创面愈合，对溃疡有着很好的治疗作用，是胃溃疡患者的有效食品。多吃包菜，还可增进食欲，促进消化，预防便秘。包菜也是糖尿病和肥胖患者的理想食物。

包菜的选购等级参考

特级：叶球大小整齐，外观一致，结球紧实，修整良好；无老帮、焦边、侧芽萌发及机械损伤等，无病虫害损伤。

一级：叶球大小基本整齐，外观基本一致，结球较紧实，修整较好；无老帮、焦边、侧芽萌发及机械损伤，允许少量虫害损伤等。

二级：叶球大小基本整齐，外观相似，结球不够紧实，修整一般；允许少量焦边、侧芽萌发及机械损伤，允许少量病虫害损伤等。

一般人都可食用，尤其适合女性食用。

彩色虾仁饭

功效 防癌抗癌

食用禁忌 皮肤过敏者忌食。

虾的营养价值极高，能增强人体免疫力和性功能，还能补肾壮阳、抗早衰。虾中含有丰富的镁，镁对心脏活动具有重要的调节作用，能很好地保护心血管系统。虾的通乳作用较强，并且富含磷、钙，对小儿、孕妇尤有补益功效。虾体内的虾青素有助于消除因时差反应而产生的“时差症”。

烹饪提示： 炒虾仁时，在洗涤时放入一些小苏打，使原本已嫩滑的虾仁再吸收一部分水分，再通过上浆可有效保持所吸收的水分不流失，这样虾仁就变得滑嫩而富有弹性了。

材料

当归、黄芪、枸杞、红枣各8克，米饭150克，虾仁、冷冻三色蔬菜各100克，鸡蛋1个

调味料

葱末6克，食盐、米酒、花生油、柴鱼粉各适量

详细做法

1. 将黄芪、枸杞、红枣、当归洗净，加水煮沸，过滤后取汤汁；大米洗净，和汤汁入锅煮熟。
2. 虾仁洗净，加入食盐和米酒略腌渍；蛋打散成蛋液。油烧热，倒入蛋液炒熟盛出。再热油锅，将虾仁入锅炒熟盛出，以余油爆香葱末，放入米饭翻炒，再加食盐和柴鱼粉、虾仁、三色蔬菜、蛋炒匀即可。

常识链接

如何挑选新鲜虾

新鲜的虾色泽正常，体表有光泽，背面为黄色，虾体两侧和腹面为白色。买虾的时候，要挑选虾体完整、甲壳密集、外壳清晰鲜明、肉质紧实、有弹性，且体表干燥洁净的。当用手触摸时，应该感觉硬且有弹性。如果虾身节间出现黑腰，头与体、壳与肉连接松懈、分离、弹性较差的为次品。

在烹调虾仁时，如何合理调味

烹制虾仁类的海鲜菜肴，常用的调味料有葱、姜、蒜、花椒、大料、精食盐、味精、料酒、糖、香醋、辣椒以及各种调味油等，但是调味品投入宜少不宜多，调味品太多就会突出调味品的味道，而压制虾仁的原汁鲜味，使虾仁失去清淡爽口、鲜嫩的特点。用多少调味品为宜，这要根据不同菜肴的口味而定。例如，要吃虾仁的原味，那就不必加葱、姜、蒜等调味料，否则会使虾仁的鲜味被掩盖；香油、香菜叶不必放，因为这两种调味料香味太浓，会压制虾仁的原汁原味，只嫩不鲜，影响质感。

一般人都可食用，尤其适合孕妇产妇食用。

水果拌饭

功效 增强免疫力
食用禁忌 糖尿病患者不宜多食。

草莓中所含的胡萝卜素是合成维生素A的重要物质，具有明目养肝的作用。

草莓对胃肠道和贫血均有一定的滋补调理作用。

草莓除可以预防坏血病外，对防治动脉硬化、冠心病也有较好的疗效。

草莓是鞣酸含量丰富的水果，在体内可阻止致癌化学物质的吸收，具有防癌作用。

草莓中含有天冬氨酸，可以自然平和地清除体内的重金属离子。草莓色泽鲜艳，果实柔软多汁，香味浓郁，甜酸适口，营养丰富。

烹饪提示：在洗草莓前不要把草莓蒂摘掉，以免在浸泡过程中让农药及污染物通过“创口”渗入果实内，反而造成污染。

材料

草莓1粒，猕猴桃、香蕉、芒果各1片，白粥3/4碗

调味料

食盐适量

详细做法

1. 草莓洗净后去蒂，切成细丁，其他水果也洗净切成丁备用。
2. 将水果丁、白粥、食盐一起拌匀即可。

常识链接

如何挑选草莓

应尽量挑选色泽鲜亮、有光泽、结实、手感较硬者；太大的草莓忌买，过于水灵的草莓也不能买；不要买奇形怪状的畸形草莓；最好尽量挑选表面光亮、有细小绒毛的草莓。

如何清洗草莓

首先用流动自来水连续冲洗几分钟，把草莓表面的病菌、农药及其他污染物除去大部分。不要先浸在水中，以免农药溶出在水中后再被草莓吸收，并渗入果实内部。把草莓浸在淘米水（宜用第一次的淘米水）及淡食盐水（一面盆水中加半调羹食盐）中3分钟，碱性的淘米水有分解农药的作用，淡食盐水可以使附着在草莓表面的昆虫及虫卵浮起，便于被水冲掉，且有一定的消毒作用。浸泡后再用流动的自来水冲净淘米水和淡食盐水以及可能残存的有害物质，用净水（或冷开水）再冲洗一遍即可。

一般人都可食用，尤其适合儿童食用。

八宝饭

功效 增强免疫力

食用禁忌 湿热痰滞内蕴者少食。

糯米含有蛋白质、脂肪、糖类、钙、磷、铁、维生素B1、维生素B2、烟酸及淀粉等，营养丰富，为温补强壮食品，具有补中益气、健脾养胃、止虚汗之功效，对食欲不佳、腹胀腹泻有一定的缓解作用。

烹饪提示：香菇最好切丁后再蒸口感更佳。

材料

糯米200克，香菇30克，海蛎干、干贝、虾仁、鱿鱼丝、板栗、鸭蛋、猪瘦肉各10克，竹筒1个

调味料

花生油、老抽、食盐各适量

详细做法

1. 糯米洗净泡1小时；香菇、海蛎干泡发；虾仁、干贝洗净；鱿鱼丝、板栗、鸭蛋煮熟；猪瘦肉洗净切小块。
2. 油锅烧热，放入糯米炒透，加入清水、食盐、老抽焖干，将香菇、鸭蛋、干贝、虾仁、海蛎干、板栗、鱿鱼丝、猪瘦肉放入竹筒内，将糯米打入压实，蒸30分钟即可。

常识链接

关于糯米的小知识

糯米是一种温和的滋补品，有补虚、补血、健脾暖胃、止汗等作用。糯米适于脾胃虚寒所致的反胃、食欲减退、泄泻和气虚引起的汗虚、气短无力、妊娠腹坠胀等症。现代科学研究表明，糯米含有蛋白质、脂肪、糖类、钙、磷、铁、B族维生素及淀粉等，为温补强壮之品。其中所含淀粉为支链淀粉，所以在肠胃中难以消化水解。

糯米制成的酒，可用于滋补健身和治病。用糯米、杜仲、黄芪、杞子、当归等酿成“杜仲糯米酒”，饮之有壮气提神、美容益寿、舒筋活血的功效。还有一种“天麻糯米酒”，是用天麻、党参等配糯米制成，有补脑益智、护发明目、活血行气、延年益寿的作用。糯米不但可配药物酿酒，而且可以和果品同酿，如“刺梨糯米酒”，常饮能防心血管疾病、抗癌。

一般人都可食用，尤其适合女性食用。

排骨煲仔饭

功效 补血养颜

食用禁忌 肥胖症患者应少食。

排骨除含蛋白质、脂肪、维生素外，还含有大量磷酸钙、骨胶原、骨粘蛋白等，可为幼儿和老人提供钙质。排骨有很高的营养价值，具有滋阴壮阳、益精补血的功效。

烹饪提示：排骨的选料上，要选肥瘦相间的排骨，不能选全是瘦肉的，否则肉中没有油分，蒸出来的排骨会比较柴。

材料

仔排200克，大米50克，上海青菜心适量

调味料

美极鲜老抽、蚝油各10毫升、姜、葱各10克，料酒、白糖、鸡精各适量

详细做法

1. 将仔排洗净，切成块后汆水洗净待用。
2. 把大米泡透后，放入煲内，加适量清水用中火煲干水。
3. 将排骨加上海青菜心所有调味料拌匀，放入煲干水的煲内，用慢火煲熟即可。

常识链接

排骨的种类与口感

一般来说，只要我们提到排骨，指的都是猪排骨。猪排骨味道鲜美，也不会太过油腻。

小排一是指猪腹腔靠近肚腩部分的排骨，它的上边是肋排和子排，小排的肉层比较厚，并带有白色软骨。适合蒸、炸、烤，但是要剁成小块。

仔排一是指腹腔连接背脊的部位，它的下方是五花肉，片下的排骨长达30厘米，呈三角形斜切片状。仔排的肉层很厚，隔着一层薄油还连了一块五花肉，油脂丰厚，肉质是所有排骨中最嫩的，适于多种烹调方法和口味，只是口感略显油腻。

大排一是里脊肉和背脊肉连接的部位，又称为肉排，多用于油炸，以肉片为主，但是带着排骨，除了增加分量让肉片面积显得更大外，油炸的时候也会增加大排特有的香气，这也是炸肉排的特色。

肋排一是胸腔的片状排骨，肉层比较薄，肉质比较瘦，口感比较嫩，但因为有一侧连接背脊，所以骨头会比较粗。

一般人都可食用，尤其适合男性食用。

腊味饭

功效 开胃消食
食用禁忌 肠胃不佳者不宜多食。

腊肉中磷、钾、钠的含量丰富，还含有脂肪、蛋白质、碳水化合物等。

腊肉选用新鲜的带皮五花肉，分割成块，用食盐和少量亚硝酸钠或硝酸钠、黑胡椒、丁香、香叶、茴香等香料腌渍，再经风干或熏制而成，具有开胃祛寒、消食等功效。

烹饪提示：有较严重的哈喇味和严重变色的腊肉不能食用。

材料

腊肉、菜心各100克，米饭200克，腊肠50克

详细做法

1. 腊肉、腊肠洗净切成薄片；菜心洗净放入烧开的水中焯熟，捞出沥水。
2. 将腊肉、腊肠放在饭上入微波炉加热1分钟后取出。
3. 将菜心放入碗中即可。

常识链接

腊肉的鉴别选购和保存

鉴别：若腊肉色泽鲜明，肌肉呈鲜红或暗红色，脂肪透明或呈乳白色，肉身干爽、结实、富有弹性，并且有腊肉应有的腌腊风味的，就是优质腊肉。反之，若肉色灰暗无光，脂肪发黄、有霉斑，肉松软、无弹性，带有黏液，有酸败味或其他异味，则是变质的或次品。

选购：购买时要选外表干爽，没有异味或酸味，肉色鲜明的腊肉如果瘦肉部分呈现黑色，肥肉呈现深黄色，表示已经超过保质期，不宜购买。质量好的腊肉，皮色金黄有光泽，瘦肉红润，肥肉淡黄，有腊制品的特殊香味。

保存：腊肉作为肉制品，并非长久不坏，冬至以后、大寒以前制作的腊肉保存得最久且不易变味。腊肉在常温下保存，农历三月以前味道是最正宗的时候，随着气温升高，腊肉虽然肉质不变，但味道会变得刺喉。所以农历三月以后，腊肉就不能在常温下保存了。最好的保存办法就是将腊肉洗净，用保鲜膜包好，放在冰箱的冷藏室中，这样就可以长久保存，即使三五年也不会变味。

豆芽炒饭

材料

米饭400克，豆芽200克

调味料

食盐3克，味精2克，豆豉酱15克，葱少许，花生油20毫升

制作方法

1. 豆芽洗净，切成米粒大小；葱洗净，切花。
2. 油锅烧热，下豆芽翻炒，倒入米饭炒透。
3. 加入食盐、味精、豆豉酱炒匀后入盘，撒上葱花即可。

三豆饭

材料

米饭250克，腰豆、豌豆、豇豆各少许

调味料

食盐、五香粉各3克，辣椒粉5克，花生油20毫升

制作方法

1. 腰豆、豌豆均洗净，浸泡20分钟；豇豆洗净，切圈。
2. 油锅烧热，下入腰豆、豌豆稍炒，倒入米饭和豇豆炒熟透。
3. 加入食盐、五香粉、辣椒粉炒匀，放入盘中即可。

豌豆炒饭

材料

米饭350克，豌豆100克，彩椒少许

调味料

食盐3克，五香粉4克，咖喱粉6克，花生油20毫升

制作方法

1. 豌豆洗净；彩椒去蒂，洗净，切粒。
2. 油锅烧热，下入豌豆炒香，倒入彩椒、米饭炒透。
3. 加入食盐、五香粉、咖喱粉炒匀，起锅即可。

参巴酱芦笋饭

材料

米饭300克，鱿鱼、虾各100克，芦笋适量，圣女果少许

调味料

参巴酱30克

制作方法

1. 鱿鱼、虾均洗净；芦笋洗净，切斜段；圣女果洗净，切开。
2. 将鱿鱼、虾和芦笋分别倒入开水锅中，煮透，捞出。
3. 将米饭放入盘中，铺上鱿鱼和虾，淋入参巴酱，撒上芦笋，摆上圣女果即可。

海鲜锅仔饭

材料

虾、蟹、鱿鱼、鱼柳共250克，米饭200克，鸡蛋1个

调味料

鳗鱼汁50毫升，白糖5克，香油、食盐各少许，色拉油适量

制作方法

1. 将海鲜洗净，放入六成热的油中，过油捞起。
2. 热锅注油，下入蛋和饭，加少许食盐炒香后装盘。
3. 热锅，倒入鳗鱼汁，与海鲜共煮，再放入白糖、香油炒匀，淋入装盘的饭上即可。

豉汁排骨煲仔饭

材料

大米100克，菜心80克，猪排骨150克

调味料

生抽8毫升，姜10克，红椒、豆豉各15克，花生油15毫升

制作方法

1. 红椒、姜均洗净切丝；猪排骨洗净，斩块，汆水；菜心洗净，焯水至熟。
2. 米加水放入砂锅中，煲10分钟，再放入排骨、红椒丝、姜丝、豆豉、花生油煲5分钟即熟。
3. 放菜心于煲内，生抽淋于菜上即可。

豆沙糯米饭

材料

糯米250克，豆沙100克，红枣、葡萄干、西瓜子各适量

调味料

花生油、白糖适量

制作方法

1. 糯米洗净，浸泡片刻，捞出沥干；红枣、葡萄干均洗净；西瓜子去壳取肉。
2. 油锅烧热，放入糯米，加入白糖炒匀，捞出晾凉。
3. 取小碗，将豆沙、红枣、葡萄干、西瓜子放入碗底，撇入糯米，上蒸锅蒸熟，取出后翻转碗扣入盘中即可。

叉烧油鸡饭

材料

米饭300克，叉烧50克，油鸡100克，菜心100克

调味料

食盐2克，香油5毫升

制作方法

1. 菜心洗净，入沸水中焯熟；油鸡砍件，叉烧切片备用。
2. 切好的油鸡和叉烧放在白饭上，入微波炉加热30秒后取出。
3. 放入菜心，调入食盐，淋入香油即可。

蛋包饭

材料

米饭150克，鸡蛋3个

调味料

花生油、食盐、参巴酱各适量

制作方法

1. 鸡蛋打入碗中，加入食盐搅拌均匀。
2. 油锅烧热，放入鸡蛋煎成饼状，盛出；将米饭用鸡蛋包好，放入盘中。
3. 将盘子放入微波炉中加热，取出，淋入参巴酱即可。

雪菜蒸蟹饭

材料

大米200克，雪菜100克，蟹1只

调味料

食盐、料酒各适量

制作方法

1. 大米洗净；雪里蕻洗净，切细；蟹洗净，加入料酒、食盐腌渍入味。
2. 将白米和雪里蕻混合拌匀，放入盘中码好，将蟹置于其上。
3. 将盘放入蒸锅，蒸至熟透，取出即可。

翡翠蛋包饭

材料

米饭100克，鸡蛋2个，菠菜50克

调味料

食盐3克，胡椒粉1克，花生油适量

制作方法

1. 菠菜洗净，入开水中稍焯，捞起放入料理机中搅拌成糊。
2. 鸡蛋破壳，打入碗中，加入食盐、胡椒粉、菠菜糊搅匀；油锅烧热后，倒入鸡蛋煎熟。
3. 将米饭在盘中码好，将煎好的鸡蛋放于其上即可。

澳门烧鹅腿饭

材料

烧鹅腿1个，米饭300克，生菜20克，咸蛋半个

调味料

烧鹅汁20毫升

制作方法

1. 将烧鹅腿切成块，生菜洗净备用。
2. 锅中注水适量，烧开后放入生菜焯熟，捞出沥干水分。
3. 将烧鹅块、生菜、咸蛋摆在热饭上，浇上烧鹅汁即可。

澳门白切鸡饭

材料

鸡300克，米饭300克，青菜100克，咸蛋半个

调味料

上汤、食盐、姜、鸡精各适量

制作方法

1. 姜洗净切末；青菜洗净，入沸水中焯烫，捞出沥水备用。
2. 鸡洗净剁块，放入油锅中炸至表面呈金黄后捞出，锅中留少许油爆香姜末。
3. 加入鸡块，调入所有调味料煮熟，盛出摆放在米饭上，再放入青菜、咸蛋即可。

台湾卤肉饭

材料

大米100克，猪五花肉200克，菜心50克

调味料

豆瓣酱3克，辣椒酱2克，生抽5毫升，味精2克，食盐、葱、姜各5克，香料10克

制作方法

1. 大米先煮熟，猪五花肉上笼蒸，豆瓣酱、辣椒酱、生抽、味精、葱、姜、香料制成卤水。
2. 五花肉蒸熟后取出切块，下卤水中卤半小时后再下油锅炒香。
3. 菜心过食盐水至熟，与米饭、肉摆盘即可。

菜薹梅花肉饭

材料

米饭300克，菜薹100克，梅花肉250克

调味料

食盐、五香粉、沙姜粉各适量

制作方法

1. 将梅花肉与食盐、五香粉、沙姜粉腌渍1小时，放入烤箱中烤熟，取出晾凉后改刀切片。
2. 菜薹洗净，入开水锅焯熟，捞出沥水，放入盘中。
3. 将米饭扣在菜薹上，摆好梅花肉片，入微波炉中加热，取出即可。

荷香滑鸡饭

材料

米饭200克，鸡块100克，香菇20克，荷叶1片

调味料

食盐、五香粉各少许，花生油适量

制作方法

1. 鸡块洗净；香菇洗净泡发，撕成小片；荷叶洗净，铺入蒸笼内，倒上米饭。
2. 油锅烧热，下入鸡块炒至七成熟，下入香菇炒熟。
3. 加入食盐、五香粉调味，起锅倒在白米饭上，将荷叶包好，蒸10分钟即可。

鸡肉石锅拌饭

材料

米饭300克，鸡肉100克，胡萝卜、西葫芦、泡菜、花生米各适量，熟芝麻少许

调味料

食盐3克，辣椒酱10克，花生油适量

制作方法

1. 鸡肉洗净，切成小块；胡萝卜洗净，切丝；西葫芦洗净，切薄片；石锅洗净，将米饭倒入。
2. 锅注水烧开，下入胡萝卜、西葫芦焯熟，捞出沥水，与泡菜一起摆在米饭上。
3. 净锅注油烧热，放入鸡肉炒香，倒入花生米炒熟，加入食盐、辣椒酱调味，倒入石锅中，撒上熟芝麻即可。

红烧牛腩饭

材料

米饭300克，牛腩、上海青各120克，芹菜、尖椒各少许

调味料

食盐2克，老抽3毫升，蒜10克，水淀粉15克，花生油适量

制作方法

1. 牛腩洗净，切段；上海青洗净；芹菜洗净，切段；尖椒去蒂、籽，洗净；蒜去衣洗净，掰成瓣。
2. 油锅烧热，放入牛腩稍炒，注入少许清水焖烧至熟，加入食盐、老抽调味，用水淀粉勾芡，盛放于碗中，撒上芹菜、尖椒、蒜；净锅注水烧开，下入上海青稍焯，捞出放入盘中。
3. 将米饭倒扣入盘，摆好盘即可。

凤梨蒸饭

材料

泰国香米100克，凤梨1个，葡萄干少许

调味料

白糖20克

制作方法

1. 泰国香米洗净，浸水稍泡，捞出沥干水分；凤梨用水冲洗，沥干，削去顶部，挖出肉；葡萄干洗净。
2. 将挖出的凤梨肉切丁，与泰国香米、葡萄干放入容器中移入电饭锅中煮透。
3. 加入白糖调味后，摆好盘即可。

蜜汁焖饭

材料

糯米300克，红枣、豆沙各适量

调味料

红糖5克

制作方法

1. 糯米洗净，浸泡30分钟；红枣洗净。
2. 将红枣、豆沙放入碗底，铺放好糯米，上蒸笼蒸熟，取出后倒扣于盘中。
3. 将红糖用少许开水溶化，淋入盘中即可。

腊肉煲仔饭

材料

米饭400克，腊肉、腊肠各250克，菜薹少许

调味料

食盐少许

制作方法

1. 菜薹洗净，用食盐腌上10分钟；腊肉、腊肠均清洗干净。
2. 将米饭放进瓦煲，摆上腊肉、腊肠和菜薹。
3. 将瓦煲放入蒸锅，隔水蒸20分钟即可。

腊味煲饭

材料

米饭300克，腊肉、香肠各200克，菜薹100克

调味料

花生油、食盐、葱各适量

制作方法

1. 腊肉、香肠均洗净，切成薄片；菜薹洗净，切段；葱洗净，切花。
2. 将米饭装进砂煲，铺上腊肉、香肠，放入蒸锅内，隔水蒸10分钟，关火。
3. 油锅烧热，下入菜薹翻炒至熟，加入食盐调味，起锅放入砂煲内，再撒入葱花即可。

鱼丁花生糙米饭

材料

糙米100克，花生米50克，鳕鱼片200克

调味料

食盐2克

制作方法

1. 糙米、花生米分别淘净，以清水浸泡2小时后沥干，盛入锅内，锅内加3杯半水。
2. 鱼洗净切丁，加入电饭锅中，并加入食盐调味。
3. 入锅煮饭，至开关跳起，续焖10分钟即成。

雪菜炒米饭

材料

米饭250克，雪菜100克，鸡蛋1个，玉米粒少许

调味料

食盐3克，鸡精2克，花生油15毫升

制作方法

1. 雪菜洗净，切成细末；玉米粒洗净备用。
2. 油锅烧热，打入鸡蛋，放入玉米粒炒匀，倒入米饭、雪菜炒透。
3. 加入食盐、鸡精调味，起锅装盘即可。

酱汁鸡丝饭

材料

鸡肉200克，胡萝卜、大头菜各适量，米饭300克

调味料

姜2片，食盐2克，葱、芝麻酱各适量

制作方法

1. 鸡肉洗净，用姜片、葱段、食盐调味。
2. 将鸡肉蒸熟，取出放凉后再用手撕成丝状。
3. 胡萝卜、大头菜洗净，去皮切丝状，加入食盐抓匀，再拧干去水分；将所有食材调入芝麻酱拌匀即可。

泰皇海鲜炒饭

材料

米饭200克，鱿鱼、虾仁、蛤蜊、洋葱各少许，鸡蛋1个

调味料

食盐2克，红椒1个，花生油、泰椒粉各适量

制作方法

1. 鱿鱼洗净，切段；虾仁洗净；蛤蜊洗净，切开；红椒洗净切段；洋葱洗净，切片。
2. 油锅烧热，打入鸡蛋，倒入米饭、洋葱炒透，加入食盐调味后盛入盘中；将鱿鱼、虾仁、蛤蜊放入蒸笼蒸熟，取出摆入盘中。
3. 撒上红椒、泰椒粉即可。

新岛特色炒饭

材料

米饭200克，蟹肉100克，鸡蛋1个，玉米粒、胡萝卜各少许

调味料

食盐、十三香、葱花各适量，花生油20毫升

制作方法

1. 蟹肉洗净，切成小段；玉米粒洗净；胡萝卜洗净，取一段切成粒状，另一段切花。
2. 油锅烧热，下入玉米粒和粒状的胡萝卜炒香，倒入米饭、蟹肉炒透，加入食盐、十三香、葱花炒匀，起锅装盘。
3. 净锅注油烧热，打入鸡蛋煎至六成熟，盛在米饭上即可。

墨鱼汁炒饭

材料

米饭200克，墨鱼汁、松仁各适量

调味料

食盐2克

制作方法

1. 炒锅加热注油，先将米饭倒入，拌炒均匀。
2. 加入墨鱼汁、松仁炒匀，加入食盐调味即可。

会馆炒饭

材料

米饭350克，腊肠、猪瘦肉各100克

调味料

食盐3克，五香粉5克，咖喱粉10克，葱花少许，花生油适量

制作方法

1. 腊肠洗净，切成丁；猪瘦肉洗净，切小块。
2. 油锅烧热，下入猪肉、腊肠炒香，倒入米饭炒透。
3. 加入食盐、五香粉、咖喱粉调味，入盘，撒上葱花即可。

咖喱炒饭

材料

米饭300克，瘦肉丝100克，胡萝卜少许

调味料

食盐、咖喱粉各适量，辣椒粉10克，花生油、葱各适量

制作方法

1. 胡萝卜洗净，切粒；葱洗净，切花。
2. 油锅烧热，入瘦肉丝炒香，倒入胡萝卜粒、米饭炒透。
3. 加入食盐、咖喱粉、辣椒粉调味，装盘，撒入葱花即可。

牛肉石锅拌饭

材料

米饭300克，牛肉150克，熟芝麻少许，洋葱适量

调味料

食盐、生抽各少许，花生油25毫升，青、红椒适量

制作方法

1. 牛肉洗净，切成小块；青红椒洗净，切成斜片；洋葱去衣，洗净切片。
2. 油锅烧热，倒入牛肉炒至八成熟，放入辣椒、洋葱炒熟，加入食盐、生抽调味，关火。
3. 将米饭盛入石锅中，将牛肉起锅倒入，撒入熟芝麻即可。

农家红薯饭

材料

米饭300克，红薯200克

调味料

枸杞少许

制作方法

1. 红薯去皮，洗净，切菱形块；枸杞用温开水泡发，取出备用。
2. 将红薯放入烤箱烤熟，取出。
3. 将米饭放入碗中，放入红薯，入微波炉中加热，撒上枸杞即可。

农家芋仔饭

材料

大米350克，芋头200克

调味料

枸杞少许

制作方法

1. 大米淘洗干净；芋头洗净，切成小块；枸杞洗净，泡发10分钟。
2. 将大米放入电饭锅中，放入芋头，注入适量清水，蒸煮至熟。
3. 撒上少许枸杞即可。